Das Buch der Rituale

Ekkirala Krishnamacharya

Das Buch der Rituale

Edition Kulapati

Erste Auflage 2018

Bibliografische Information Der Deutschen Bibliothek
Die Deutsche Bibliothek verzeichnet diese Publikation in der Deutschen Nationalbibliografie; detaillierte bibliografische Daten sind im Internet über http://dnb.ddb.de abrufbar.

Das Buch der Rituale / Ekkirala Krishnamacharya
1. Auflage – Münster : Edition Kulapati, 2018
Einheitssachtitel: Book of Rituals <dt.>
ISBN: 978-3-930637-75-1

Übersetzung, Lektorat und Produktion des Buches wurden durch das gemeinsame Bemühen von Personen realisiert, die sich dem Werk von Dr. Ekkirala Krishnamacharya verbunden fühlen.

Druck und Bindung: Fontfront, Roßdorf

Inhalt*

* Hinweis: Sanskrit-Begriffe sind kursiv und Buchtitel in Kapitälchen geschrieben

Vorwort

Erneut ergeht ein Ruf von meinen spirituellen Kollegen Albert Sassi und Elizabeth Warnon, eine kurze Abhandlung über die Rituale der Weisheitsreligion zu verfassen. Es ist die Aufgabe des vorliegenden Werkes, das Wesen und die Symbolik des ritualistischen Weisheitsschlüssels zu erklären. Das Werk handelt vom sakramentalen Wert der Initiationen und den Veränderungen, die dadurch im Schüler hervorgerufen werden. Eine der Hauptbemühungen des Verfassers ist zu beweisen, dass der Inhalt der vielen Religionen und Orden gehörenden Initiationsrituale überall der gleiche bleibt und dass der gemeinsame Inhalt sich durch die Jahrhunderte hindurch durch viele Formen, Symbole und Allegorien ausdrückt. Das Aufkommen der Wissenschaft von den Ritualen kann bis zu den Anfängen des Menschen auf dieser Erde zurückverfolgt werden, weil der Beginn der Menschheit selbst das Ergebnis eines organisierten Rituals der stets wirkenden unsichtbaren Kräfte der Natur ist. Daher besteht eine zwangsläufige Notwendigkeit für einen solchen Zweig der Wissenschaft, und das Unterfangen braucht keine Rechtfertigung.

Der Grundplan und der Inhalt des Buches gehören meinem Lehrer, doch der Verfasser zeichnet sich verantwortlich für alles in dem Buch Dargelegte. In aller Bescheidenheit wird das Werk dem göttlichen Licht der menschlichen Erkenntnis der Leser unterbreitet, und dort endet das Unterfangen.

Sobald ich den Ruf zum Schreiben dieses Buches empfing, bat ich meinen spirituellen Schüler Y. V. Raghava Rao, das Buch mit der Maschine zu schreiben. Da die Zeit nicht ausreichte, diktierte ich ihm das Buch direkt in die Schreibmaschine. Das Buch wurde am 15. April 1967 begonnen und am 27. April 1967 beendet. Mein Dank gebührt Herrn Albert Sassi und Frau Elizabeth Warnon, die mich anregten, dieses Buch zu verfassen. Ebenfalls geht mein Dank an Herrn Y. V. Raghava Rao für seine große Mühe beim Schreiben nach meinem mündlichen Diktat.

Ekkirala Krishnamacharya

Waltair, den 27. April 1967

1. Die Wissenschaft der Rituale – ihr Zweck

Für die theoretische Seite der Weisheit gibt es einen praktischen Schlüssel. Ohne diesen Schlüssel bleibt die ganze Theorie eine elegante Spekulation. Der erhoffte Kern der Weisheit kann ohne den praktischen Ansatz nicht erfahren werden. Das Leben des Menschen ist ein Hervortreten der in ihm schlummernden Prinzipien. Der Mensch lebt mental in der Welt der Erscheinungen und wird von seinen überbewussten Ebenen gelenkt, die in ihm wirken und ihn durch seine Natur lenken. Diese Natur umfasst die menschlichen Instinkte, Reflexe und Emotionen, die sein Verhalten bestimmen. Bei der Mehrheit der Menschen auf der Erde untersteht diese Ebene der Natur nicht dem individuellen Bewusstsein des menschlichen Denkvermögens. Der Mensch denkt, er sei vernünftig; er glaubt, er strebe nach Wahrheit, Glück und der Verwirklichung dessen, was er als unverwirklicht empfindet. Doch die menschliche Vernunft ist durch seine eigene Natur begrenzt, die ihn lenkt und ihn auf sich selbst und die Umgebung nur entsprechend seiner gegenwärtigen Entwicklungsstufe reagieren lässt. Dies gilt ebenso für Menschen wie auch für die Gesellschaft, für Nationen und Rassen.

Eine sorgfältige Analyse seiner selbst ermöglicht es dem Menschen zu erkennen, dass es nicht leicht ist, Zugang zu seiner Natur, der Quelle seines Verhaltens, zu bekommen und diese zu meistern. Jede Menge an Wissen in sämtlichen Bereichen – Wissenschaft, Kunst, Politik, Wirtschaft, Soziologie, Religion usw. – gestattet ihm nicht, den oben erwähnten Schritt zu tun, Meisterschaft über sein eigenes Wesen zu erlangen. Die gesamte Aktivität des Universums bewahrt ihr wahres Geheimnis in sich als eine Essenz, und der Mensch besteht aus der gleichen Essenz. Doch zwischen Mensch und Universum steht die eigene Natur, die Eindrücke empfängt, und diese sind weitestgehend seine eigenen und nicht echten Eindrücke. Wie unpersönlich diese Eindrücke des Menschen auch sein mögen, es sind zwangsläufig „Ersatzgeheimnisse" für die echten, die als ewige Wahrheiten im Glanz der Schöpfung existieren. Beim Erwachen eines jeden Kosmos wird das subjektive Bewusstsein durch den Schöpfungsprozess ersetzt. Dieses wird bis jetzt immer noch durch die Vielzahl der äußeren Erscheinungen ersetzt, welche die Universen im Allgemeinen und die Sonnensysteme im Besonderen erbauen. So gibt es zahlreiche Ersatzformen auf der Ebene des individuellen Menschen auf dieser Erde. Es ist die Pflicht des Menschen oder besser gesagt der Drang des Menschen, durch erneutes Ersetzen zu den immer ursprünglicheren Ebenen der Schöpfung emporzusteigen. Dem stellen sich die Hindernisse seiner eigenen Natur entgegen, die bis dahin als seine Schutzhülle gewirkt haben.

Hier entsteht die Notwendigkeit, die eigene Natur zu überschreiten, um in eine größere Natur einzutreten, die als Hintergrund dient. Solch ein Überschreiten einer Reihe von Naturen, die als verhüllende Schleier dienen, verlangt ein „Tun", und nicht ein „Wissen" oder „Studieren". Der Mensch tut stets etwas entsprechend seiner eigenen Natur und wird von ihr angespornt. Für den gegenwärtigen Zweck ist solch ein Tun nicht brauchbar. Es gibt eine Möglichkeit, bestimmte Dinge in einer bestimmten Weise zu tun, die es dem Menschen erlaubt, seine eigene Natur zu überschreiten. Dies setzt eine Wissenschaft voraus, Dinge zu tun, und diese Wissenschaft ist die „Wissenschaft der Rituale".

Ein Ritual wirkt als ein Sakrament, um die Natur des Menschen zu verändern und zu erweitern. Diese Wissenschaft sakramentalen Wirkens wird dem Menschen von seiner höheren Natur mitgeteilt. Sie ist immer gegenwärtig als ein Zweig der unpersönlichen Weisheit des Universums. Von Zeit zu Zeit erhebt sich der Mensch zu dieser unpersönlichen Ebene, um einen Teil der ritualistischen Weisheit zu erlangen. Später folgt ihr ein Kreis von Personen, die diese Weisheit praktizieren. Allmählich wird sie dann in die verschiedenen religiösen Allegorien gekleidet. Daher enthalten alle großen Religionen des Menschen einschließlich der ältesten religiösen Schulen (*vorvedische, vedische* und frühe buddhistische Religionen) ihre eigene Zusammenstellung von Ritualen und ritualistischen Wissenschaften. Ein sorgfältiges Studium der gemeinsamen Essenz der Rituale bedarf keiner Rechtfertigung, weil es viel dazu beiträgt, dem Menschen beim Überschreiten seiner eigenen Natur zu helfen.

Wann immer der Mensch gegen seine Umgebung handelt, entsteht Böses, Sünde, Kummer und Leid. Die bittere Erfahrung, die er macht, setzt einen Prozess der Heilung in Gang, er berichtigt sich und beginnt, besser und richtiger zu handeln. Auf diese Weise wird der Mensch langsam geschult, sich auf das Wirken der ihn umgebenden Natur einzustimmen. Mit anderen Worten, seine Natur wird nach und nach durch die Natur seiner Nation, seiner Rasse, seines Planeten und des Sonnensystems ersetzt. Je mehr ein Mensch sich auf eine größere Natur einstellt, desto mehr erlangt sein Werk Allgemeingültigkeit und wird ritualisiert. Zu diesem Zweck lehrt uns die Wissenschaft der Rituale, die Aktivität der Schöpfung zu verstehen und zu versuchen, ihr Wirken zu imitieren. Wenn ein Teil oder das Ganze der Schöpfung als ein Mysterium in einem begrenzten Maßstab verstanden wird, dient es als Ritual und ist von einem bestimmten sakramentalen Wert. Dadurch können wir verstehen, warum die Rituale der Weltreligionen in verschiedensten Schauspielen dargestellt werden, wobei die Charaktere stellvertretend für die schöpferischen Kräften stehen. Die Sonne, der

Mond und die Planeten weisen in ihrer Bewegung und ihrem Verhalten eine wunderschöne Ordnung und Präzision auf. Ebenso folgen die Eigenschaften des Raumes (geometrisch, numerisch und physikalisch) einer genauen Ordnung. Die gesamte Schöpfung ist ein eng verwobenes Spiel von Kettenreaktionen. Diese ganze Abfolge enthält ein Drama, ein Mysterienspiel, das vom erfahrenen Ritualisten erfolgreich imitiert wird. Entsprechend stehen die Charaktere in den Ritualen für planetarisches Bewusstsein, Morgen- und Abenddämmerung, Mittag und Mitternacht und Ähnliches, weil sie die Erbauer des Universums sind und für den Menschen Ursymbole bilden, um darüber im Licht seiner sakramentalen Veränderungen nachzusinnen.

2. Die Rolle der Symbolik in Ritualen

Symbolik beherrscht die objektive Erfahrung des Menschen. Die gesamte Lebensaktivität wird als Allegorie einer verborgenen Ursache ausgedrückt. Diese Ursache, die der schöpferische Drang des innersten Bewusstseins ist, liegt im erschaffenen Zustand der Dinge verborgen, welche den Menschen umgeben. Für einen Ritualisten dient daher jede objektive Erscheinung der Schöpfung, ob primär oder sekundär, als ein Symbol, das seinem eigentlichen Wesen nach die Wahrheit verbirgt. Die subjektive Wahrheit ist in jedem Ding durch seinen repräsentativen Wert verborgen und wird durch die Aktivität des Lebewesens enthüllt, das als eine Allegorie wirkt. Somit ist jedes Ereignis, das auf der physischen Ebene geschieht, eine Allegorie der Wahrheit. Historische Ereignisse und die Evolutionszyklen dienen ebenfalls als Allegorien der verborgenen Wahrheit, die in der Subjektivität des Menschen verschleiert liegt. Jedes Lebewesen ist ein Beobachter, der sein eigenes Zentrum bildet mit seinem Horizont als Kreisumfang und dem Rest der objektiven Welt dazwischen. Das ist der Grund, warum das Symbol des Kreises mit dem örtlich festgelegten Zentrum ⊙ das älteste Symbol der Verehrung von allen ritualistischen Religionen geworden ist.

In einem mystischen Werk, in dem die Herrlichkeit des sich stets entfaltenden Vogels (*Suparna*) mit seinem Zentrum überall (centre everywhere) und seinem Kreisumfang nirgends (circumference nowhere) beschrieben wird, finden wir im *Rig Veda* eine Frage und eine Antwort.

Die Frage lautet: „Ich frage: wo befindet sich das Zentrum dieser Schöpfung?"

Die Antwort heißt: „Hier ist das Zentrum der Schöpfung", wobei „hier" das Bewusstsein einer geschaffenen Einheit bezeichnet.

Jedes geschaffene Wesen hat sein eigenes Zentrum und seinen Horizont als Kreisumfang. Hier sind Zentrum und Kreisumfang nur die zwei Punkte eines Zirkels, die relativ zueinander stehen. Der feste Punkt ist das Zentrum und der bewegliche Punkt ist der Kreisumfang. Man darf nicht vergessen, dass diese zwei Punkte immer austauschbar sind. Diese Zwei sind unter den zwei Armen des Quadrats verborgen, dem objektiven Glanz der Schöpfung, der Denkvermögen und Materie formt. Daher bildet das in den zwei Punkten des Zirkels verborgene Quadrat das Ausgangssymbol eines jeden Ritualisten, der als „verpflichteter Lehrling“ ins Leben eintritt.

Der gesamte Raum ist für sich selbst eine unbegrenzte Subjektivität, doch in Bezug auf einen Beobachter ist er ein Globus. In der Tat ist das scheinbare Erwachen des objektiven Universums das Erwachen des Beobachters. Daher ist das Erwachen als Symbol ein Ersatz-Geheimnis, während das Erwachen des Beobachters ein echtes Geheimnis ist. Gleicherweise existieren Sonnenaufgang und Sonnenuntergang für einen Beobachter im Verhältnis zu seinem Blickwinkel und seiner Position. Aus diesem Grund enthalten viele Rituale den symbolischen Osten und Westen als die zwei Schutzengel des Menschen.

- Auf der kosmischen Ebene werden diese zwei Symbole *Mitra* und *Varuna* genannt,
- auf der Ebene der Manifestation die *Aświns* (Zwillinge),
- auf der solaren Ebene Sonnenaufgang und Sonnenuntergang,
- auf der weltlichen Ebene Anfang und Ende des Tages und

- auf der anthropomorphen Ebene Erwachen und Schlaf (Geburt und Tod). Der ganze Tag dient als ein Muster für ein Ritual.

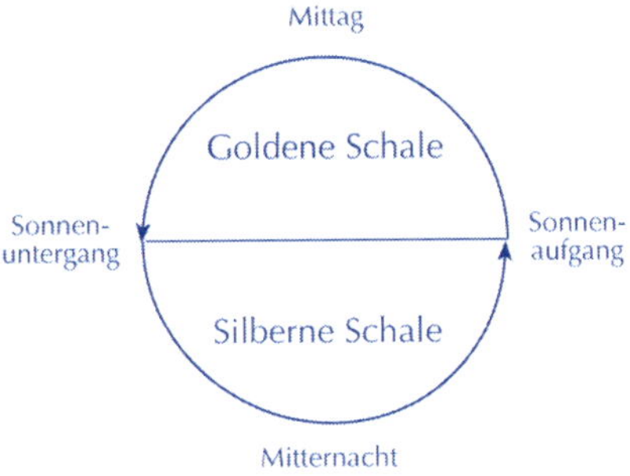

Die symbolische Reise der Sonne um unsere Erde während der täglichen Erdumdrehung wird als Pfad für die Pilgerreise der sich entwickelnden Seele beschrieben. Die obere Hälfte des Kreises wird als die „Goldene Schale" bezeichnet und die untere Hälfte als die „Silberne Schale". In diesem Zusammenhang steht „golden" für solar und „silbern" für lunar. Dies wird später noch ausführlich erklärt. Diese zwei Schalen enthalten den Saft der Erfahrung des Menschen, der in den *Veden* „*Soma*-Saft" genannt wird. Vom Osten zum Westen scheint die Sonne zu fliegen, während der Mensch auf der Erde vom Westen zum Osten reist. Daher wird die Suche des Menschen nach Wahrheit als seine Reise vom Westen auf der Suche nach dem Licht beschrieben. Wiederum stellt die obere Hälfte des Kreises die erleuchtete Seite des menschlichen Bewusstseins dar, während die untere Hälfte die verschmolzene Erde verkörpert – die unter- und überbewussten Ebenen des Menschen. Die aufwärts führende Reise des Menschen vom Westen zum Osten symbolisiert die Schulung des Menschen zur Vollkommenheit auf den bekannten Ebenen, während seine Reise vom Osten zum Westen entlang der unteren Hälfte seinen Abstieg in die verborgenen Schätze darstellt.

Solcherart sind in Kürze die Symbole der Ritualisten. Daraus können wir erkennen, dass die Symbolik eines wahren Ritualisten nicht irgendwelche menschengemachten Symbole wie die Schrift einer Sprache enthält. Menschengemachte Symbole sind niemals universal, sondern sie gehören zu einer Gruppe von Personen, die eine gemeinsame Erkenntnis haben. Universale Symbole bilden die Sprache der Götter, welche vom Menschen zu entschlüsseln ist. Dies sind die Archetypen der universalen Phänomene, und sie geben dem Menschen Unterweisungen durch das „universale Alphabet". Dieses Alphabet enthält Zahl, Form, Klang, Farbe, Geruch, Geschmack, Berührung und das Denken des Menschen. Sie alle existieren als *Sâdhyas*, als verborgene Eigenschaften, und sie werden dem Beobachter enthüllt, wenn sie sich als *Siddhas* manifestieren. In beiden Zuständen existieren sie als schöpferische Intelligenzen (*Devas*). Sie bilden das ursprüngliche Alphabet des Ritualisten und helfen ihm, die sakramentale Eignung zur Selbst-Verwirklichung (um sich herum) zu erlangen.

Das Prinzip, das den Menschen mit seiner Morgen- und Abenddämmerung verbindet, bildet den Radius und Durchmesser innerhalb seines objektiven Kreises. Diese Beziehung drückt sich dann in Form seines Verwirklichungs- bzw. Erkenntnisprozesses aus, die seine Entwicklung vom Atom zum Menschen beschreibt. Es wird durch ein „Pi" genanntes numerisches Verhältnis ausgedrückt (π = Kreisumfang geteilt durch Kreisdurchmesser). Daher verehren die Ritualisten Pi als das universale Bewusstsein, das in den Menschen eintritt. Es wird auch durch die Glyphe dargestellt, welche den Menschen darstellt, der die Weisheit auf seinen Schultern trägt ($\overset{\circ}{\Pi}$). So finden wir, dass alle ritualistischen Symbole des Menschen prähistorisch sind und den Höhepunkt eines Weisheitszweigs darstellen.

Die Geschichte der Entwicklung des Raumes zu einem Sonnensystem und der Entwicklung eines Atoms zu einem Menschen werden als zwei große Dramen oder Mysterienspiele betrachtet, die vom Ritualisten als erhabene Ritualstücke aufgeführt werden. Selbst grundlegende historische Ereignisse werden im Hinblick auf ihre allgemeingültige Aussage innerhalb der universalen Phänomene dargestellt. Sie sind Teil der periodischen Vorkommnisse der Natur und wurden in Büchern, die PURÂNEN genannt werden, aufgezeichnet. Es liegt an uns, uns mit der Natur der oben erwähnten Symbole vertraut zu machen sowie mit vielen gleichartigen Symbolen, von denen einige im Verlauf dieses Buches enthüllt werden. Studiert man solche Bücher nur in ihrem literarischen oder historischen Aspekt, ist das Studium notgedrungen einseitig. Die volle Bedeutung, die von ihren Verfassern beabsichtigt wurde, welche nun einmal die großen Seher sind, bleibt verborgen.

3. Operative und spekulative Rituale

Bevor wir in ein detailliertes Studium der verschiedenen Rituale eintreten, wollen wir die Methoden verstehen, nach denen die Rituale klassifiziert werden. Die Ausdrücke „operativ" und „spekulativ" werden von vielen modernen ritualistischen Schulen benutzt, insbesondere bei den zu den Freimaurern gehörenden Orden.

Mit „operativen Ritualen" meinen sie Rituale, die praktisch ausgeführt werden, ohne dabei ihre tiefere Bedeutung zu studieren. Denn diese Rituale sind auch ohne rationale Betrachtung allein durch ihre praktische Anwendung wirksam. Der sakramentale Wert eines jeden Rituals hängt von der richtigen Durchführung und der Zusammenarbeit ab. Der intellektuelle Verständnisgrad hat keinen Einfluss auf die Energie und Wirksamkeit eines Rituals. Allein fester Glaube und eine Schulung sind notwendig, um im Durchführen von Ritualen Vollkommenheit zu erlangen.

Die „spekulativen Rituale" basieren auf dem Verstehen der Rituale. Von einem Schüler wird erwartet, dass er aus seinem Blickwinkel und in der ihm eigenen Ausdrucksweise über die Symbolik eines Rituals nachdenkt und diese ausarbeitet. Aus diesem Grund sind einige Ritualisten der Ansicht, dass es für die Bedeutung nicht viel Erklärung und Literatur bedarf. Wie großartig die spekulative Theorie auch sein mag, sie beruht zwangsläufig auf dem Verstehen einer einzelnen Person, und dieses Verstehen muss sich notwendigerweise von dem einer anderen Person unterscheiden. Da das Ritual für alle gleich ist, sollte jede Person ihre eigene Herangehensweise entwickeln, um die Symbolik zu enthüllen und die Wissenschaft des Erbauens und die ordnende Wirkung des Rituals zu erkennen, welche man im übertragenen Sinn das „Erbauen des Tempels" nennt. Dies hat viel mit dem Leben eines Menschen zu tun.

Jeder Mensch lebt, um auf seine Weise eine Antwort auf die Weltprobleme und seine eigenen Probleme zu finden. Für die Anleitung eines Novizen ist es am Anfang jedoch notwendig, eine spekulative Erklärung der verschiedenen Teile des Rituals durch einen erfahreneren Bruder zu erhalten, damit er im sakramentalen Sinn ein wirklich „verpflichteter Lehrling“ werden kann. Dazu bekommt er in bestimmten Zeitabständen ein Werkstück des Tempelbaus von einem erfahrenen Zeremonienmeister. Nur eine kurze Passage sollte er versuchsweise lesen, die in einem klaren Stil eine einfache, nicht-technische Erklärung der mystischen Seite enthält.

Tatsache ist, dass ein verpflichteter Ritualist die operative Seite eines jeden Rituals vollenden und vervollkommnen muss, wenn sein Denkvermögen über die Bedeutung des Rituals nachzusinnen beginnt. Nur dann wird die Synthese der einzelnen Teile ausgearbeitet, und zwar auf solche Weise, dass die Abfolge oder Einheit eines Rituals im Denken des Schülers nicht verloren geht. Jedes Denkvermögen reagiert automatisch auf eine Arbeit, die man wiederholt ausführt. Die Schulung ruft zwangsläufig die Neugier des Denkvermögens wach und lässt das Denken in die verborgene mystische Seite der Ausführung eindringen. Genau dies wird verlangt, und dies ist die einzige Tätigkeit, die den Schüler von seinem menschlichen Äußeren hin zu seinem göttlichen Inneren führt, durch die Schleier seiner eigenen, immer weniger dicht und immer subtiler werdenden Natur, bis auch der schillernde Schleier durchdrungen ist.

Es gibt noch eine tiefer gehende Erklärung der Ausdrücke „spekulativ“ und „operativ“; sie befasst sich mit der esoterischen Seite des Menschen. Die gesamte normale Lebensaktivität des Menschen, die keinen sakramentalen Wert hat, wird „operativ“ genannt. Sie beinhaltet die temporären und flüchtigen Probleme des Menschen, der sein *Karma* auszuarbeiten versucht – das Problem, seinen Pflichten gegenüber seinen Eltern, seiner Frau und seinen Kindern nachzukommen, gegenüber seinen Vorgesetzten, Untergebenen, Freunden, Kollegen und Feinden, sowie auch den Pflichten gegenüber den Tieren, Pflanzen und allen Dingen in seiner Umgebung. Ein Nicht-Ritualist, der ein normaler Mensch ist, schafft durch seine Instinkte, Reflexe, Emotionen und Gedanken zwangsläufig neue *Karma*-Wellen, während er die obigen Pflichten ausführt. Wenn ein Mensch in diesem Stadium beginnt, bestimmte Rituale durchzuführen, vollzieht sich eine Veränderung in seiner Haltung.

Dieser Wandel ersetzt allmählich seine Vorstellung von der Last der Verantwortung in Bezug auf seine Arbeit durch die edlere, höhere Vorstellung einer unpersönlichen Pflicht. Nach und nach hört das Leben auf, ein Problem zu sein, und beginnt, sich als Mysterienspiel zu entfalten. Daher heißt es, bislang führte er die operativen Rituale im Leben aus, und nun trete er in die spekulative Seite des gleichen Rituals ein. Im früheren Stadium war es seine Arbeit und sein *Karma*. Im späteren Stadium wird es das Werk und *Karma* der Familie, der Rasse, des Planeten, des Sonnensystems und des Kosmos. Im früheren Stadium hatte er einen Anreiz (*Sankalpa* oder konditionierten Anreiz), seine Arbeit zu tun. Im späteren Stadium verspürt er nur sein Pflichtbewusstsein entsprechend dem bereits existierenden Plan (*Kalpa*). Im früheren Stadium war sein Denkvermögen in vierfältiger Weise auf seine Handlung ausgerichtet: auf seine Pflicht, sein Motiv, sein Einkommen und sein Glück (in Sanskrit *Dharma, Artha, Karma* und *Moksha* – die vier *Purushârthas*). Im späteren Stadium wird die gesamte Aktivität eins, wenn die Mittel und der Zweck in der einen großen Antriebskraft aufgehen, welche das „Ritual des Lebens" (*Yagnârtha*) genannt wird.

Dies ist die von den Meistern der Weisheit beabsichtigte Erklärung über die operativen und spekulativen Aspekte der Rituale. Hauptsächlich zeigt sich der Unterschied in den Stadien des Schülers, während er sich der erforderlichen spirituellen Entwicklung unterzieht. Es hat überwiegend mit der Aktivität der nach außen tretenden Prinzipien des Menschen zu tun, dass man die Prinzipien der führenden Hierarchie der Menschheit erkennt und verwirklicht, um den Bedürfnissen des Planeten durch das Tor von *Shambala* gerecht zu werden. In der Tat ist dieser ritualistische Ansatz ein unvermeidlicher Schritt auf dem Schulungsweg, der den Schüler darauf vorbereitet, die erforderliche Eignung zu erlangen, um am Werk des „*Avatârs* der Synthese, der kommen wird“, mitzuarbeiten.

An dieser Stelle ist es angebracht, einige Worte über die zwei großen Säulen am Eingangstor des ritualistischen Tempels zu sagen. Diese Erläuterung gehört in der Tat zu den in Erscheinung tretenden Tierkreismysterien und den Manifestationen der Hierarchie unter dem Einfluss der zwei großen Sterne Castor und Pollux, die zur Konstellation der Zwillinge gehören.

Diese zwei Sterne sind die zwei großen Sonnen, die in ihrer Evolution unserem Sonnensystem weit voraus sind. Sie gehören zu den spirituellen Führern aller Wesen unseres Sonnensystems. Sie herrschen über die Stimmbänder eines jeden Menschen, und es ist die Pflicht des Schülers, seine Stimmbänder auf die heilige Mission der beiden oben erwähnten leitenden Sterne auszurichten. Die Funktion jener Sterne ist, die Wesen „zu bestärken". Die Stimmbänder des Schülers sollten den Selbstausdruck (das Äußern des Wortes) durch das Medium des Klangs (dem Bereich von Jupiter und Uranus) regulieren.

Dies geschieht mit Hilfe „der Zunge, die nur Gutes spricht". Der Schüler sollte stets Gutes sprechen und seine Urteilskraft dem Allmächtigen übertragen. Er sollte aufhören, in Gedanken und Worten sich Meinungen zu bilden und Urteile über andere zu fällen. Erst dann ist es dem Schüler gestattet, zwischen den beiden Säulen hindurch durch das Tor von der Objektivität zum subjektiven Universum zu schreiten. Bei jedem Schritt ermahnt ihn sein Gewissen wie ein Schwertstich zur Vorsicht. Furchtlosigkeit lässt ihn beständig voranschreiten und wirkt wie eine Schlinge, die verhindert, dass der Schüler in seiner spirituellen Entwicklung zurückfällt. Dieser Aspekt der Tempelsymbolik wird im Kapitel über die Tierkreismysterien erneut aufgegriffen, in dem einige andere Teile des Tempels und die Werkzeuge des Rituals erklärt werden.

4. Weltrituale – Klassifizierung

Wir schlagen jetzt vor, die Weltrituale unter verschiedenen Überschriften zu gruppieren, damit wir sie systematisch studieren können. Das erste System der Klassifizierung schließt ein:

1. *Vedische* Rituale
2. Kabbalistische oder jüdische Rituale
3. Rituale der Freimaurer-Orden
4. *Âgamische* Rituale
5. Die größeren Mysterien
6. Die geringeren Mysterien.

Bevor wir mit den Einzelheiten dieser verschiedenen Rituale beginnen, sollte der Leser daran denken, dass jedes Ritual eine zweifache Bedeutung hat: die kosmische und anthropomorphe Anwendung. Die Einzelheiten eines jeden Rituals sollten im Äußeren wie auch im Inneren vergegenwärtigt werden. Beispielsweise sind die Tieropfer der *vedischen*, ägyptischen und levitischen Rituale dazu bestimmt, äußerlich oder innerlich durchgeführt zu werden. Beim äußeren Gebrauch wird ein Tier herbeigebracht, und sein

Fleisch und Blut werden für das Sühneopfer verwendet. Das gleiche Ritual kann ebenfalls mit einem Bild durchgeführt werden, das symbolisch ein Tier darstellt, oder sogar mit einer Meditation über die Wesensnatur des Tieres. Diese zwei Arten des gleichen Rituals werden das objektive Ritual (*Bahiryâga*) beziehungsweise das subjektive Ritual (*Antaryâga*) genannt. Sie befassen sich wiederum mit der operativen und der spekulativen Seite. Da der Mensch während seiner Evolution das Bewusstsein aller Lebewesen auf dieser Erde überstiegen hat, enthält sein Bewusstsein die Verbindung (*Vâsanâs*) von allen Tieren und drückt sich in seinem Verhalten aus. Dies ist die einzig mögliche Erklärung für das tierische Verhalten des Menschen.

Wenn der Mensch die Rituale zunächst operativ und dann spekulativ durchführt, übersteigt er die Natur des Tieres in sich selbst und macht einen Sprung in der spirituellen Evolution seiner eigenen Seele. Sogar der menschliche Embryo durchläuft alle biologischen Veränderungen seiner vorausgehenden Entwicklung während der zehn Monate im Mutterleib. Das ganze Schauspiel seiner vorausgehenden Evolution durch mühsame, aufwendige Zeitspannen hindurch vollzieht sich symbolisch innerhalb von neun Monaten. Diese instinktive Rückerinnerung an den Schauplatz seiner früheren Evolution wird durch den sakramentalen Wert des Tieropfers auf eine höhere Ebene gebracht. Ohne Zweifel ist die innere Anwendung des Tierrituals der äußeren Anwendung überlegen. Doch die letztere ist keineswegs schlecht. So finden wir im Leben des Menschen diese zweifältige Anwendung aller anderen Rituale.

5. Die *vedischen* Rituale

Der Bereich der *vedischen* Rituale ist so umfassend und tief, dass wir nur einen Überblick geben können, um uns ausgehend von der Gesamtheit den Details zu nähern. Machen wir uns zunächst einmal mit den Grundlagen des *vedischen* Denkens vertraut.

Es gibt vier *Veden*:

I. *Rig Veda*
II. *Yajur Veda*
III. *Sâma Veda*
IV. *Atharva Veda*.

Es heißt, dass vor dem Erscheinen des dunklen Zeitalters der *Veda* eins war. Zu einem speziellen Zweck nahm *Vedavyâsa* eine Aufteilung in die vier *Veden* vor. Für die Schüler des dunklen oder rationalistischen Zeitalters ist dies von Vorteil, weil das Zeitalter sich vom vollkommen bzw. teilweise intuitiven Zeitalter unterscheidet. Es gab eine Zeit, da wurde die ganze Menschheit von der höchsten Art der Intuition geführt: das durch den Menschen wirkende kosmische Bewusstsein. Es wird das Goldene Zeitalter oder das Zeitalter der *Devas* genannt. Dann trat eine teilweise Störung durch die individuelle Intelligenz des Menschen ein. Drei Viertel der Weisheit waren göttlich oder intuitiv und ein Viertel war menschlich. Nach einiger Zeit veränderte sich das Verhältnis: eine Hälfte war göttlich oder intuitiv und die andere Hälfte menschlich. Diese zwei Perioden (die zweite und die dritte Periode) werden das Silberne beziehungsweise das Kupferne Zeitalter genannt. Im vierten Zeitalter herrscht dann die menschliche Intelligenz mit ihren empirischen und persönlichen Meinungen vor, welche die drei Viertel der Weisheit bestimmen. Das verbleibende eine Viertel existiert als die unterströmende Intuition des Menschen, die unter den stets aktiven Wellen der verschiedenen Wissenszweige verborgen liegt, und diese verlieren nach und nach ihre Einheit. Dieses vierte Zeitalter wird das Eiserne Zeitalter genannt. In allen *Purânen* wird die Größe dieser Zeitalter klar dokumentiert und auch hinreichend in der Geheimlehre von H. P. Blavatsky und in Eine Abhandlung über Kosmisches Feuer von

Alice A. Bailey behandelt. Dies ist die innere Bedeutung der Geschichte, dass *Vedavyâsa* den einen *Veda* (Weisheit) in vier *Veden* (den vierfältigen Gebrauch in vier verschiedenen Weisheitszweigen) aufteilte. Natürlich gibt es für den normalen Schüler vier verschiedene Bände von *Veden*, doch sie enthalten im Wesentlichen einen gemeinsamen Text mit ein paar kleinen Unterschieden.

I. *Rig Veda*

Der *Rig Veda* enthält die mystischen Hymnen als literarische Sammlung. Das Wort *Rig* bedeutet sowohl „Lichtstrahl" als auch „Klangemanation". Folglich beschreibt der Passus das Mysterium der Objektivität (*Aitareya*) des einen immanenten Bewusstseins, welches das kosmische Feuer (*Agni*) genannt wird. Es gibt eine Beschreibung von der Reibung des Feuers, von der Geburt der *Aświns* und vom Entstehen des Entzündungspunktes (*Agni*) eines Universums, der zu einem Globus (*Vishnu*) durchdringt und ihn erfüllt. Dann gibt es die Beschreibung des mystischen Globus, der „Kuchen" genannt wird und die Götter als numerische Potenzen enthält. Es folgt die Beschreibung vom Ursprung der strahlenden und der dunklen Wesen, der schöpferischen und reproduzierenden Wesen und den konstruktiven und assimilierenden Wesen, die unablässig um eine Achse des Globus am Werk sind. Um diese Achse ist die potenzielle Zeit der riesigen Zeitspanne in Form von Stunden oder Einteilungen der beginnenden Aktivität des gesamten Universums angeordnet. Weiterhin wird die Achse als eine Opfermitra* oder ein Opferstab beschrieben, an den der kosmische Mensch gefesselt ist, um in die objektiven Wesen des ganzen Universums hinein geopfert zu werden.

Dann wird beschrieben, wie das eine Bewusstsein (das Vater-Bewusstsein) durch die drei Elemente der Objektivität (Raum, Zeit und Bewusstsein) getötet wird und wie die Nachkommenschaft die Gegenwart des Vater-Bewusstseins in Form ihres eigenen Selbstausdrucks (dem Wort) verlor. Eine solch unvergleichliche Annäherung wird zunächst im *Rig Veda*, im *Purusha Sûkta*, gegeben.

* Bischofsmütze

Es wird ferner gesagt, dass der kosmische Mensch der Vorfahr des mikrokosmischen Menschen ist und dass es die Pflicht des mikrokosmischen Menschen ist, sein Bewusstsein dem kosmischen Menschen zu opfern. Dies ist der Ursprung der Heiligen Dreifaltigkeit in allen Religionen. Weiterhin beschreibt das Buch den Glanz und die Herrlichkeit der Morgendämmerung auf all ihren symbolischen Anwendungsebenen sowie das Königreich des Lichts und den König, der die Schichten des Körpers der alles verschlingenden, unermesslichen Schlange (*Vritra*) durchdringt, die der Hintergrund der Dunkelheit ist. Der symbolische Kampf und der Kompromiss zwischen den dunkleren und helleren Kräften werden ebenfalls beschrieben.

Das ganze Buch enthält einen Schlüssel für das Schema des gesamten Tages mit all seiner Pracht. In der ritualistischen Anwendung bleibt die Einheit latent vorhanden, während die wissenschaftliche Annäherung an den Text nur eine losgelöste Beschreibung der verschiedenen Erscheinungen der Schöpfung gibt. In der Tat ist die Reihenfolge der mystischen Passagen (*Mantren*) im exoterischen Text des *Rig Veda* durcheinander. Die richtige Anordnung existiert nur in ihrer ritualisierten Anwendung, und zwar im Buch Aitareya Brâhmana.

H. P. Blavatsky hat an vielen Stellen ihres Werkes darauf verwiesen, dass die *Brâhmanas* der *vedischen* Texte den wahren Schlüssel enthalten, um sich den *Veden* zu nähern. Tatsächlich existiert die Einheit des *Veda* in der Einheit des Menschen, und der Text des *Veda* ist nur ein literarisches Relikt des wahren *Veda*. Dieses literarische Relikt macht es einem Menschen möglich, sich dem ursprünglichen *Veda* zu nähern, der in ihm selbst liegt. Viele der *Mantren* des *Veda* enden mit einer Passage, die besagt: „Wer dies weiß, wird zum Wissenden des *Veda*." Nach den Worten von H. P. Blavatsky bedeutet dies einen direkten Schlüssel, dass der Leser den *Veda* in sich enthält als „die einzige jetzt existierende Kopie".

II. *Yajur Veda*

Der *Yajur Veda* wird als ein Text angesehen, der direkt den ritualistischen Ansatz enthält. Er beschäftigt sich mit den verschiedenen Opfern, dem Zubehör und deren Insignien. Beschrieben werden der Tempelbau, der Altar und die verschiedenen Dinge einschließlich der Maurerarbeit und der Abmessungen der Ziegelsteine und des Tempels. Weiterhin wird der Vorgang angegeben, wie das kosmische Feuer angerufen und es zum Altar eingeladen und verehrt wird. Die verschiedenen Formen der Feuerstelle sowie die symbolischen Hilfsmittel des Rituals, wie Getreidekörner, Milch, Joghurt, Butter und *Ghî* werden beschrieben. Darüber hinaus werden einige Tiere und der Charakter verschiedener Berufe des Menschen erwähnt. Dies dient dem Zweck, unterschiedliche Mentalitäten hervorzubringen, damit das Ego sich hinreichend entwickeln und die sozialen Schichten durchschreiten kann. Außerdem wird der Geist des Opferns verherrlicht. Auf diese Weise gibt es die Darstellung des symbolischen Opfers des Menschen, in welchem das menschliche Bewusstsein in das Bewusstsein von *Purusha,* dem kosmischen Menschen, geopfert wird. So ist auch in diesem *Veda* das *Purusha Sûkta* enthalten.

Eine sehr interessante Erörterung des Grundprinzips der verschiedenen zu den Ritualen gehörenden Hilfsmittel gibt es in dem Buch Šatâpatha Brâhmana, das die spekulative Seite dieser operativen Rituale des *Yajur Veda* bildet. Ein weiterer bedeutungsvoller Punkt ist, dass die Hymnen des *Rig Veda* alle in unterschiedlichen Metren bzw. Versmaßen komponiert sind, und diese Metren werden in den verschiedenen Passagen des *Yajur Veda* verherrlicht und ihre Symbolik enthüllt. Die *Mantren* des *Yajur Veda* enthalten sowohl metrische Hymnen als auch einige in Prosa. Verschiedene Metren und das Skandieren von Silben in der *vedischen* Literatur sind selbst tiefgreifende und erhabene Aspekte. Sie beschäftigen sich symbolisch mit den verschiedenen Unterteilungen von Zeit und Raum des Universums.

Zum Beispiel enthält das größte aller *vedischen* Versmaße, das *Gâyatrî*-Metrum, vierundzwanzig Silben, welche die „Vierundzwanzig-Zoll-Skale" der Freimaurer-Rituale darstellen. Es zeigt die 24 Stunden des Tages und die 24 Mondumläufe des Jahres mit jeweils 12 Vollmonden und 12 Neumonden an und die Aufteilung der Arbeit des Menschen in diese Unterteilungen. Ein weiteres Beispiel ist das fünfsilbige

Versmaß, das *Pankthi* genannt wird. Es ritualisiert den Menschen in die Aktivität des „fünfstrahligen Sterns" ☆. Dieses Ritual öffnet die fünf Tore des menschlichen Bewusstseins zwischen den fünf Sinnesorganen (Sehen, Hören, Riechen, Schmecken und Berühren) und den fünf Zuständen der physischen Materie im umgebenden Universum (fest, flüssig, Licht, Äther und Raum). Dies wird in den *Upanishaden* als die Offenbarung der „fünf großen Ansammlungen" allegorisiert.

Darüber hinaus wird es von *Vedavyâsa* im MAHÂBHÂRATA als die Geschichte der fünf Söhne des weißen Königs allegorisiert. So finden wir, dass in der *vedischen* Tradition die Unterteilung der Silben höchst bedeutungsvoll ist. Es versteht sich auch, dass jeder nach einem regulären Metrum verfasste Vers über eine musikalische Wirkkraft verfügt, welche den Menschen durch seine mystische, unterbewusste Natur von der rationalistischen zur intuitiven Ebene emporheben kann. Die Methode wird in der Anordnung der Anzahl der Verse in jeder Hymne und die Anzahl der Hymnen in jedem Buch weiter ausgeführt. Im Aufbau der *purânischen* Literatur wird diese Tradition ebenfalls sorgfältig beibehalten. Die solare Allegorie RÂMÂYANA ist in 24000 Gedichten entsprechend dem *Gâyatrî*-Metrum abgefasst. Die lunare Allegorie MAHÂBHÂRATA ist in 18 Büchern abgefasst – 3/4 von 24, weil drei Viertel der Schöpfung als verborgene Formel ruhen, um das verbleibende Viertel zu offenbaren.

Die soli-lunare Allegorie BHÂGAVATHA besteht aus zwölf Büchern gemäß den 12 Einteilungen des Tierkreises und den zwölf Monaten des Jahres. Aus diesem Grund finden wir eine Entsprechung zwischen den verschiedenen Versmaßen des *Veda* und der Pracht und Herrlichkeit der Schöpfung. Dies bezieht sich insbesondere auf die astronomischen und astro-biologischen Phänomene des gesamten Universums im Allgemeinen und auf diese Erde im Besonderen.

III. *Sâma Veda*

Der *Sâma Veda* wird als die Weisheit der Musik beschrieben. Da Musik sich von Klang unterscheidet, behandelt der *Rig Veda* den Ursprung der Objektivität als Klang und Licht, während der *Sâma Veda* uns intuitiv den Ursprung der Musik gibt. Metrum ist ebenfalls verschieden von Musik, und daher besteht die Notwendigkeit, dass sich der *Sâma Veda* vom *Yajur Veda* abhebt. Der Ursprung des Wortes aus dem Bewusstsein des Menschen enthält Klang, Silbe und Muse. Muse wird als Gedanke bezeichnet, bevor er sich von der halbsubjektiven Erfahrung trennt. Alle Rituale, die im *Rig Veda* und im *Yajur Veda* beschrieben sind, werden im *Sâma Veda* unter dem Aspekt des Ursprungs und der Entwicklung von Musik wiedergegeben. Der Ursprung von Klang aus der Muse des Menschen wird auf einen Punkt (*Bindu*) zurückgeführt, und seine Schöpfung in die objektive Welt wird als die Linie der Musik (*Nâda*) beschrieben. Diese Linie entwickelt sich weiter zu sieben Zweigen bzw. zu den sieben Tonleitern der Musik (*Swaras*). In der Tat sind diese Tonleitern auf der Ebene der Schöpfung die wirkenden Intelligenzen (Seher). Sie existieren auf der kosmischen Ebene als sieben Prinzipien und steigen während des „Aufwühlens des Ozeans" als sieben Klang-Lichter herab. In jeder Gruppe von Sonnensystemen inkarnieren sie sich als die sieben Sonnen (Sterne) des großen Bären, und in jeder Sonne treten sie als die sieben Strahlen der Einweihung hervor. Aus jedem physischen Körper einer Sonne treten sie dann als die sieben Spektralfarben hervor, und weiter steigen sie im Äther als die sieben Tonleitern der Musik herab. Sie bleiben im Menschen verborgen, um als die vom Menschen entdeckten Stimmungen enthüllt zu werden, welche von der Musik regiert werden.

Auf Erden bewirken sie die Zyklen der sieben Rassen der Menschheit. Alle Potenziale der Rassen sind in jedem Menschen vorhanden, um vervollkommnet zu werden. Die musikalischen Wirkkräfte dienen dazu, die höhere emotionale Seite des Menschen zu lenken, damit die Brücke zwischen dem Bewusstsein des Menschen und der Weisheit des Universums richtig gebaut werden kann. Deshalb heißen sie *Gandharvas,* die sich in keiner Weise von den *Devas* der anderen Schöpfungsebenen unterscheiden. Es gibt wiederum die Verwendung und Beschreibung aller Rituale einschließlich der Tierkreis- und astrobiologischen Mysterien im *Sâma Veda* in Form von Musik. Entsprechend dem *Sâma Veda* besteht das Ritual darin, das Wort in der erforderlichen Musik (*Chandogana* und *Udgidha*) zu erzeugen. Die Bedeutung der Rituale dieses *Veda* wird ausführlich im Buch JAIMINIYA BRÂHMANA erörtert. Es enthält viele mystische Angaben über die oben erwähnten Rituale.

IV. *Atharva Veda*

Der *Atharva Veda* handelt von der Anwendung der höheren Rituale auf die niederen (dichteren) Ebenen des Menschen. Der Ausdruck *Atharva* bedeutet „niedere", womit die niedere Entsprechung der oberen Schöpfungsprinzipien gemeint ist. Wird das Leben des Menschen in der äußeren Welt nicht geschult, ist es führungslos. Für ihn stellen dann Personen, Reichtum, Macht und Besitz eine Zeitlang Führung dar, doch vergeblich. Wenn der Mensch jedoch einmal in den Pfad der alten Seher initiiert ist, findet er seinen Platz dort, wo alle Dinge ihren höheren Sinn erfüllen. Für all seine persönlichen Belange entdeckt er die eigentlichen Entsprechungen auf den unpersönlichen Ebenen. Dies gibt ihm einen Schlüssel, sein niederes Leben unter der Führung der höheren Prinzipien zu ritualisieren. Für jeden seiner Gedanken und Emotionen findet er eine Quelle im Universum. Für jedes persönliche Erfordernis findet er eine unpersönliche Lösung. Alle ungelösten Probleme seines Verstehens finden einen Weg, um in das Höhere zu gipfeln. Nach und nach wird das Niedere durch das Höhere erleuchtet und veredelt, magnetisiert und mit dem Höheren verschmolzen. Diese zwei Prinzipien, das höhere und das niedere, werden die Form der zwei großen Lehrer, Seher und Initiatoren, die *Atharva* und *Angiras* genannt werden, annehmen. Dies ist der Grund, warum wir in diesem *Veda Mantren* finden, die die täglichen Bedürfnisse des Menschen erfüllen. Ingenieurwesen, Medizin, Priestertum, Verwaltung, Staatswesen, Politik und Militärwesen usw. nehmen ihren Platz in diesem *Veda* ein. Ebenfalls finden wir im *Atharva Veda* die an den kosmischen Menschen gerichtete Hymne. Dies zeigt die Notwendigkeit, die gesamte Aktivität des persönlichen Menschen dem kosmischen Menschen zu opfern. In diesem *Veda* ist das Leben wirklich in all seinen weltlichen Aspekten ritualisiert. Der spekulative ritualistische Schlüssel zu diesem *Veda* ist höchst interessant und erleuchtend, denn er enthüllt viele Wahrheiten in Form von zahlreichen Allegorien. Dieses Buch wird GOPADHA BRÂHMANA genannt.

5.1 Mysterien des Tierkreises

Ein flüchtiger Blick auf den umfassenden Lehrplan der vier *Veden* zeigt das Vorhandensein und das Vorherrschen einer Gruppe von Ritualen, welche die Tierkreismysterien genannt werden. Wir finden das rotierende Rad des Tierkreises und seine Unterteilungen. Es wird die zweifache Unterteilung des Rades in Tag und Nacht, die zunehmenden und abnehmenden Mondphasen, die zwei Jahreshälften mit dem zunehmenden und abnehmenden Tageslicht usw. beschrieben. Ebenfalls gibt es die dreifache Unterteilung des Tages sowie des Jahres. Auch finden wir die vierfachen, fünffachen, sechsfachen, zehnfachen, zwölffachen und vierundzwanzigfachen Unterteilungen des Tages, des Jahres usw. Wir haben das Rad aus 27, 28 und 30 Unterteilungen, die *Nakshatras* genannt werden.

An anderer Stelle in den *Veden* wird das Rad weiter in 360 Grade und 720 Halbgrade unterteilt. Die verschiedenen Anfänge des Tages, des lunaren Monats und des Jahres werden mit ihren verschiedenen Musen angegeben. Die Zyklen der Jahreszeiten und die der großen Zeitalter werden ebenfalls beschrieben. Als ein Hauptschlüssel, um die Reise der Seele vom Stadium des Atoms zu dem des Menschen zu enthüllen, gibt es die Erklärung der verschiedenen scheinbaren (symbolischen) Reisen der Sonne und anderer Planeten um den Tierkreis. Aus diesem Grund finden wir in den *Purânen* viele Geschichten von symbolischen Reisen. Die einjährige Reise *Arjunas,* die zwölfjährige Reise der fünf Söhne der Witwe in die Wälder und ihre große Reise ohne Wiederkehr direkt in den Himmel werden allegorisch im Mahâbhârata beschrieben. In den *Veden* heißt es, dass der Pfad der Rituale entlang dem Kreisumfang des Rades verborgen ist. In diesem Sinn wird ein Ritual, oder genauer gesagt, das kosmische Ritual als die große Annäherung an den Pfad (*Adhwara*) bezeichnet, den der Mensch zu beschreiten hat. Dies ist der hauptsächliche Grund für den sakramentalen Wert einer ernsthaften Pilgerreise, die eine Person zu einem heiligen Ort unternimmt.

5.2 Planetarische Rituale

Nach den Tierkreismysterien stehen die planetarischen Rituale an zweitwichtigster Stelle. Wir finden, dass die Gruppe der soli-lunaren Rituale den Auftakt zu vielen Hauptritualen der vier *Veden* gibt. In der Tat sind die soli-lunaren Rituale für einen Initiierten als regelmäßige Rituale vorgeschrieben. Es heißt, dass jeder, der in die kosmische Weisheit (*Brahmavidyâ*) initiiert ist, die soli-lunaren Rituale (*Darša-Pûrnimâs*) 30 Jahre lang regelmäßig durchführen sollte, denn die Periode von 30 Jahren entspricht einem Saturnzyklus. Saturn ist der göttliche Zuchtmeister, der äußere Wächter des Tempels des menschlichen Schicksals. Der Mond ist die Ursache der Mondumläufe, und er erzeugt den siderischen Monat von 30 Tagen, während Saturn seinen Zyklus in 30 Jahren vollendet. Einmal in jedem Monat stimuliert der Mond die Samen des individuellen *Karmas* und gewährt wiederholte Erfahrungszyklen, die dazu dienen, die Eigenheiten der niederen Natur des Menschen auszugleichen. Das Gleiche tut Saturn innerhalb von 30 Jahren in größerem Umfang. Die dem Menschen täglich vom Mond erteilten Lektionen werden jährlich von Saturn gefestigt. In dieser Hinsicht wirkt Saturn als ein unmittelbarer Altmeister der Sonne, um das Leben des Menschen durch seine Werkstücke zu ritualisieren, aus denen er die *karmischen* Früchte des Menschen formt. Alle möglichen Erfahrungen des Menschen werden vollständig durch einen Saturnzyklus abgedeckt. Seine Emotionen und Gedanken werden geläutert und stabilisiert, und der Ritualist überwindet viele Hindernisse durch sein Bestreben, die Rituale 30 Jahre lang regelmäßig durchzuführen.

5.3 Das *Soma*-Opfer

Das *Soma*-Opfer steht an der nächstwichtigsten Stelle und geht ebenso vielen fortgeschrittenen Ritualen voraus. Allegorisch wird es als das Ritual beschrieben, bei dem der Saft aus der Wurzel der *Soma*-Pflanze getrunken wird. Dies ist nur die exoterische Erklärung einer esoterischen Wahrheit. *Soma* ist das kosmische Prinzip, das die Erscheinung der Widerspiegelung regiert. Daher herrscht es auch über die Erfahrung, die eine Reflexion des kosmischen Bewusstseins in der Lebenserfahrung eines Menschen ist. Unser Mond, der Satellit, dient für unsere Erde als reflektierendes Prinzip für den Sonnenstrahl. Aus diesem Grund wirkt der Mond wie eine Blende für die Weisheit von *Soma,* dem König der kosmischen Phänomene. *Soma* herrscht ebenfalls über das Denk-Prinzip, das sogar vor der Bildung der Gehirnzellen im Embryo existiert und das die Kräfte veranlasst, die Gehirnzellen zu formen.

Der König *Soma* wird beschrieben, dass er sowohl über die Ozeane regiert als auch über den Bau von Booten, um die Ozeane zu überqueren. Daher führt das Ritual *Soma Yaga* zur Erfahrung des *Soma*-Prinzips als Saft des menschlichen Lebens. Ohne diese Erfahrungsebene wird alle praktische Magie bedeutungslos. Der Mensch auf dieser Erde, der in die höheren Mysterien initiiert ist, empfängt die Erfahrung von *Soma* durch die mystischen Strahlen des Planeten Neptun. Mit folgenden Worten beschreibt der *Rig Veda* die Herrlichkeit von *Soma*: „*Soma* hat seinen Platz am Busen dieser *Nakshatras* (Kreisbögen). Wenn ein Mensch die *Soma*-Pflanze auspresst, denkt er, er habe *Soma* getrunken. Was die Initiierten als *Soma* kennen, hat nie jemand außer einem Initiierten getrunken!"

Viele Male hat H. P. Blavatsky in ihrer Geheimlehre erwähnt, dass der Mond nur eine Blende ist, um das höhere Prinzip zu verbergen, wenn die siebenfältige planetarische Skala in Betracht gezogen wird. So großartig ist das Ritual des *Soma*-Opfers in den *Veden*, dass es die Autoren der angewandten *vedischen* Wissenschaften für ihre Sühnerituale entlehnt haben. Beispielsweise beschreiben die Gesundheitsrituale des *Âyurveda* (des medizinischen Schlüssels zum *Veda*) detailliert die Durchführung des *Soma*-Rituals, bei dem der Saft der *Soma*-Pflanze (Ephedra Vulgaris) zur Verlängerung der Lebensdauer verwendet wird. Es heißt, der Weise *Bharadwaja* habe eine längere Buße durchgeführt, um den König der *Devas* in dieser Pflanze zu erfassen. Durch seine Gnade erlangte er eine unermessliche Lebensspanne, die ausreichte, um Forschungen über den medizinischen Schlüssel zur Weisheit durchzuführen. Aus vielen solchen Gründen gewann das *Soma*-Ritual eine große Bedeutung bei den allgemeinen Einleitungsritualen für die höheren Mysterien.

Wenn wir die Texte der vier *Veden* und der entsprechenden *Brâhmanas* durchgehen, gelangen wir zu der Erkenntnis, dass alle vier *Veden* das Ritual als Hauptgegenstand enthalten. Der Gegenstand dieser *Veden* hat definitiv eine sekundäre Bedeutung in Bezug auf die Weisheit, weil das Ziel der *vedischen* Seher ist, Menschsein zu verwirklichen und ein Mensch zu werden und nicht Gelehrsamkeit in den verschiedenen Bereichen zu erlangen. Gegenüber der Durchführung der *vedischen* Rituale ist die Bedeutung der *Veden* jedoch zweitrangig. So haben alle vier *Veden* ihr Ideal im Ritual. Ein wahrer Student wird erkennen, dass das Ritual lange vor den gegenwärtigen gedruckten Versionen der *Veden* existierte. Die Tradition des Rituals ist viel älter als der Text der *Veden*. Mit dem Beginn der Schöpfung trat auch das Ritual in Erscheinung, und der Mensch entstand aus dem Ritual der kosmischen, solaren und planetarischen Kräfte. Aus diesem Grund ist es richtig zu sagen, dass der ritualistische *Veda* bereits vor der gegenwärtigen Runde der Menschheit existierte und dass es wiederholte Versuche des Menschen gibt, Bücher darüber zu schreiben.

Die gegenwärtige Version der *Veden* ist nur eine von vielen Versuchen. Diese Version bildet nur einen Teil des *Veda,* der ewig im Ritual der Götter existiert. Im *Purusha Sûkta* heißt es: „Die Götter führten das Ritual in angemessener und alter Form entsprechend der rituellen Formel durch, die ewig jenseits jeglicher Schöpfung existiert, um periodisch die Schöpfung zu offenbaren. Jene Gesetze bzw. Eigenschaften des Rituals existieren ewig als eine Gruppe der ersten Gesetze." Die Orientalisten mögen versuchen, philologisch zu beweisen, dass der *Rig Veda* der älteste ist. Es bedeutet nur, dass die gegenwärtige Version des *Rig Veda* vielleicht die älteste der vier gegenwärtigen *vedischen* Versionen ist. Dieses exoterische Studium der Chronologie kann niemals die aufeinanderfolgenden Probleme des essentiellen *vedischen* Geistes lösen. So wie es Keimung und Befruchtung gab, bevor das Biologiebuch geschrieben wurde, und so wie der Gemeinschaftsgeist im Menschen vor der Wissenschaft der Soziologie existierte, so existiert auch das Ritual vor den *vedischen* Texten irgendeines Zyklus. Dies beweist deutlich die esoterische Wahrheit, dass der *Yajur Veda* (die ritualistische Weisheit) existierte, bevor die *vedischen* Texte entstanden sind. Die Einheit des Menschen existiert als eine Synthese in und um ihn herum, bevor er sein Wissen darüber systematisch gliedern kann.

Dies ist das Grundprinzip der Theorie von der unpersönlichen Natur des *Veda* ohne einen Autor. Die verschiedenen Personen, die sowohl individuell als auch kollektiv durch einen Gruppenkontakt mit den schöpferischen Hierarchien versuchten, die in den verschiedenen *Mantren* bereits existierende Einheit zu erreichen, haben sich selbst als Seher und nicht als Autoren der Hymnen bezeichnet. Selbst dann gaben sie diese nicht unter einer eigenen Bezeichnung oder unter ihrem persönlichen Namen heraus. Sie schrieben die Seherschaft einem höheren und unpersönlichen Prinzip in ihnen zu, und der Name dieses Prinzips wurde als der Seher eines jeden *Mantrams* angegeben. *Vasištha, Višwâmitra, Kanva, Praskanva, Medathidhi, Dîrghatamas, Hiranyasthupa* und ähnliche sind Namen von Sehern verschiedener *Mantren*. Diese Namen bezeichnen gewisse zyklische Erscheinungen in der Natur oder im Menschen oder in beiden. Darüber hinaus wird dies durch die Tatsache bewiesen, dass an vielen Stellen diese Bezeichnungen nicht nur im Singular, sondern auch im Plural verwendet werden, wie *Vasišthas, Kanvas* usw. Natürlich versuchten die Orientalisten, diese Mehrzahl so zu interpretieren, dass sie die Abstammung eines jeden ursprünglichen Sehers bezeichne. Dies ist einer der Aspekte, die in Betracht zu ziehen sind, bevor wir die Tradition der *Veden* richtig verstehen können. Es heißt, dass jeder Klang, jede Silbe, jedes Metrum und jede Hymne einen Seher eines bestimmten Namens hat, der an einigen Stellen die herrschende Gottheit selbst ist. Es gibt auch Hymnen, die den Leser selbst als den Seher oder die Gottheit des *Mantrams* anrufen. *Gâyatrî*, das größte aller *Mantren* der vier *Veden*, ruft die Gegenwart dieser Gottheit im Menschen an, der den Intellekt zu den Handlungen des Menschen anregt.

Nebenbei sollte bemerkt werden, dass der Vorgang der Invokation den Hauptinhalt des Rituals bildet. Wenn der Mensch nicht zur Rolle des Sehers oder der Gottheit aufgerufen wird, kann er sich nicht in den Geist des Rituals hineinversetzen. In seinem Wirken ist das Ritual ein Mysterienspiel oder ein Drama, das von Menschen inszeniert wird, die wie Schauspieler in die Rolle der schöpferischen Lichter schlüpfen. Dies geschieht nach der Art der verschiedenen Götter, die während eines Schöpfungsprozesses die Rolle des Allgegenwärtigen Gottes spielen. Richtig verstanden ist die gesamte Schöpfung ein von Gott dargestelltes Mysterienspiel. So wie das Skript eines Schauspiels existiert, lange bevor es der Schauspieler spielt, so existiert auch das Ritual der Schöpfung, bevor die Ritualisten (sei es Gott oder die Menschen) es beginnen. Aus diesem Grund sollte der Vorgang der Invokation gemeistert werden. Jeder kann die Gegenwart eines jeden Gottes auf jeder Ebene in sich anrufen, vorausgesetzt, dass er während der Zeit des Rituals seine Erinnerung an sich selbst opfern kann. Die Wissenschaft der Invokation selbst ist ein ausgiebiges Thema in den *vedischen* Studien. Von Alice A. Bailey wurde es gut in ihren Büchern vorgestellt.

Ein rationalistischer Glaube an das Wirken subtiler Kräfte, ein gut entwickeltes soziales Temperament, um jene Intelligenzen zu unterhalten und sie in sich einzuladen sowie ein gutes Maß an bewusstem Selbstvertrauen in seine eigene Aufrichtigkeit und innere Stabilität sollten vorhanden sein, und sie sollten durch bedingungslose Hoffnung und Vertrauen zusammengefügt und gekrönt werden – dies sind die notwendigen Erfordernisse, um das Phänomen, eine Gegenwart anzurufen, hervorzubringen. All diese Aspekte existieren in jedem normalen Menschen, doch sie sind unordentlich, wahllos und vermischt angeordnet. Aus Mangel an Synthese dienen sie auf den unpersönlichen Ebenen keinem bedeutungsvollen Zweck. Wenn ein Novize, der einen Geist von Hingabe entwickelt hat, zur Durchführung eines Rituals zugelassen wird, kann er durch regelmäßige Teilnahme am Ritual die Fähigkeit des Anrufens erlangen. Der Vorgang gleicht dem eines Eisenstabs, der magnetisiert wird.

Der wahre Geist des Gebets sollte also verstanden und der Vorgang der Invokation vertraut sein, bevor man ein guter Ritualist wird. Mechanische Perfektion in der Durchführung der verschiedenen Teile des Rituals zu erlangen, ist das Grunderfordernis des Schülers. Die verschiedenen Werkzeuge und ihre Handhabung sollten gemeistert werden. Im Denken sollte der Schüler seine weltliche Aktivität der rituellen Arbeit unterordnen. Erst dann erlangt er langsam eine Ungezwungenheit und Leichtigkeit im Tun. Vorher mühte er sich aufgrund seiner eigenen *karmischen* Begrenzungen mit seiner Arbeit ab. Von nun an hört er auf, Dinge zu tun und entdeckt, dass die Dinge durch ihn getan werden. Die weltliche Aktivität hört auf, für ihn zu existieren, und die höheren Intelligenzen kümmern sich automatisch um seine Angelegenheiten. Dies gilt, solange er den Geist der Ergebenheit bewahrt. Solch eine Haltung wird von den späteren spirituellen Autoren als Hingabe und Selbstaufgabe beschrieben, doch die Verwirklichung ist immer mit dem Durchführen von Ritualen verbunden.

Mit diesen einleitenden Bemerkungen über die Vorbereitung für ein Ritual schlagen wir vor, mit der praktischen Seite der wichtigsten *vedischen* Rituale zu beginnen. Entsprechend der Intention des Ritualisten werden viele Rituale unterschiedlich eingeteilt, z. B. in Rituale für Versöhnung, Ausgleich und okkulte und weltliche Ziele. Wir beschäftigen uns nicht mit dem

Studium der Rituale nach dieser Einteilung, weil sie relativ unbedeutend ist. Allgemein gesprochen gibt es zwei verschiedene Gebote für die zwei Typen von Ritualisten: der am Nutzen und der am Opfer Interessierte. Der eine will Freude erlangen und Erfüllung soll die Rituale leiten. Der andere ist Kandidat für eine zweite Geburt, und die Rituale sollten mit keiner Absicht und keinem Ziel durchgeführt werden. Lord *Krishna* macht in der Bhagavad Gîtâ die Aussagen mit folgenden Worten noch klarer: „Wer Rituale ausführt, um Wünsche erfüllt zu bekommen, ist ein Dilettant im Ausführen der verschiedenen Rituale und von Motiven bestimmt. Im Bestreben der höchsten Ausgeglichenheit (*Yoga*) dient die rituelle Arbeit als antreibende Ursache." Das gleiche Wirken des Rituals dient dazu, den Adepten auf seiner eigenen Ebene zu halten und einen Fall zu verhindern. Daher teilen die zwei Gebote alle Rituale nach Ziel und Absicht des Ritualisten ein. Nichts Weiteres ist zur Klassifizierung im Hinblick auf die Voraussetzungen erforderlich.

In den Kommentaren zu den *vedischen* Ritualen wird die gesamte Aktivität des Menschen überwiegend in zwei Kategorien eingeteilt: die weltliche und die spirituelle Aktivität. Die erste ist nicht-rituelles (unverwirklichtes) Handeln und die zweite ist rituelles (geheiligtes) Handeln.

Drei Kategorien behandeln das rituelle Handeln:

1. Die gesamte Aktivität wird einer Gottheit oder der höchsten Gottheit der Allgegenwart dargeboten. Dies wird *Yâga* genannt.
2. Etwas den schöpferischen oder reproduzierenden Gottheiten durch das Mittel des Feuers oder Wassers darzubringen. Dies wird *Homa* und *Tarpana* genannt.
3. Das Anrecht auf etwas aufzugeben zugunsten einer Person oder von Personen in einem Geist des Opferns, indem man die Personen als die lebenden Formen der Gottheit des Rituals betrachtet. Dies wird *Dâna* genannt.

Werden diese drei Arten des Darbringens mit einer kooperativen und wohlwollenden Haltung durchgeführt, reinigen sie die Umgebung sowie die innere Natur des Ritualisten, so dass der Ort und das Denken des Ritualisten eine passende Zuflucht bilden für den Aufenthalt und das Wirken der unsichtbaren Intelligenzen, die auf den höheren Ebenen den ritualistischen Tempel erbauen und dadurch die Erfüllung des gesamten Rituals herabbringen. Die schöpferischen Kräfte werden durch Feuer angerufen und die reproduzierenden, vegetativen und keimenden Kräfte durch Wasser. Indem man für Menschen Opfer bringt, wird das Bewusstsein des kosmischen Menschen als die erwünschte Gottheit angerufen. Hunger und Durst eines Wesens zu stillen, das mental zum Ritualplatz angezogen wird, ist absolut notwendig, um den Liebesaspekt der Gottheit zu berühren. Deshalb gibt es bei allen *vedischen* Ritualen kein Opfer ohne das Verteilen von Nahrung, Kleidung und Geld.

Eine andere Einteilung der *vedischen* Rituale in zwei Klassen entsprechend der Absicht des Ritualisten ist folgende:

1. Ein Ritual wird zur Erfüllung des Opfers durchgeführt.
2. Ein Ritual wird zum Erlangen von Dingen durchgeführt, die sich der Ritualist erwünscht.

Im ersten Fall wird die Durchführung der Rituale zu einer unvermeidlichen Pflicht des Initiierten.

Im zweiten Fall ist die Durchführung freigestellt und basiert auf der Art des vom Initiierten erstrebten Ziels.

Die erste der zwei Kategorien wird von den Weisen der alten Zeit stets als der erste Teil angesehen, der zur Befreiung und zu bedingungsloser Seligkeit (*Swarga*) führt.

In der zweiten Kategorie bindet das Ausführen den Ritualisten an das Ergebnis und führt ihn unvermeidlich zu Leid oder Freude.

Entsprechend der Natur der Rituale gibt es eine weitere Einteilung in die regulären und die optionalen Ritualgruppen. Die regulären Rituale bilden einen Teil der täglichen Routine des Initiierten, wie später ausführlich erklärt wird. Das Ritual der Initiation, die zwei täglichen Rituale der Morgen- und Abenddämmerung, Gebete und Feuerverehrung bilden Teil des regulären oder obligatorischen Typs von Ritualen. Die großen *vedischen* Opferriten wie das Pferdeopfer und das *Soma*-Opfer werden als optionale oder Gelegenheits- bzw. Gebrauchs-Rituale betrachtet, die mithilfe der Gemeinschaft von Mit-Ritualisten durchgeführt werden. Man mag sie durchführen, um ein beabsichtigtes Ergebnis zu erlangen oder lediglich als Teil des eigenen Lebensauftrags, wie bereits früher erklärt wurde. (Selbst ein solches Ritual durchzuführen, um ein Ergebnis zu erzielen, wird nicht als etwas Schlechtes oder Unbedeutendes angesehen, solange das Ergebnis letztendlich universal und nicht individuell bleibt. Das *Varuna*-Ritual, das beispielsweise zu dem besonderen Zweck durchgeführt wird, um Regen zu empfangen, hat keineswegs einen zweitrangigen Charakter, weil das Ergebnis nicht individuell ist.)

Entsprechend der Natur und dem Anwendungsbereich eines jeden Rituals gibt es noch eine weitere Einteilung aller *vedischen* Rituale in die folgenden vier Klassen:

1. Die archetypischen Rituale, die die Phänomene der Schöpfung imitieren. Die Rituale der Morgen- und Abenddämmerung und das Entzünden des Feuers (das Entzünden der drei Feuer, welche der Morgen- und Abenddämmerung und dem Mittag entsprechen) usw. fallen in diese Kategorie.
2. Die archetypische Gruppe von Ritualen, die in längeren Intervallen wiederkehren. Das Entzünden des monatlichen Feuers ist ein Beispiel für diese Gruppe.

3. Die gemischte Art hat Anteil am Wesen der zwei oben erwähnten Klassen. Das Gelegenheits- oder Gebrauchs-Ritual, das zum Anrufen der Doppelgottheit *Agni-Soma* durchgeführt wird, fällt in diese Unterteilung. Es ähnelt der Gestalt nach dem Vollmond- und Neumondopfer.

   Da Neumond und Vollmond monatliche Erscheinungen in der Natur sind, wird das Ritual nach der archetypischen Art durchgeführt. Dennoch unterscheidet sich dieses monatliche Feuerritual von dem soli-lunaren Ritual des Vollmonds und des Neumonds, und ein Teil von ihm hat die Form eines anderen Jahresrituals (*Savaniya*). Daher ist es von gemischter Art.
4. Es gibt selbstständige und vermischte Rituale, die unter keine der obigen drei Kategorien fallen. Beispielsweise das Feueropfer mit Schöpflöffeln, welches das Verdienen des Tageslohnes und seine richtige Verteilung im Leben des Ritualisten (sowohl im operativen als auch im spekulativen Sinne) symbolisiert, fällt unter diese Einteilung.

Alle Arten von Unterteilungen erklären das Wesen und den Wirkungsbereich der *vedischen* Rituale. Schließlich gibt es während des Verlaufs des *Kali*-Zeitalters eine andere bedeutende Unterteilung aller Rituale der Welt durch die Meister der Weisheit. Die Initiationsrituale unterscheiden sich von allen anderen Arten von Ritualen, und es wurden verschiedene Schulen der Tempel-Initiation errichtet, um die verschiedenen Ritualorden zu bilden. Genauer gesagt, alle Weltrituale werden erneuert und in einem neuen Licht der Anwendung dargestellt. Seit dieser Zeit ist der Hauptzweck der esoterischen Tempelrituale allein die Einweihung in die vergleichsweise höheren Erkenntnisgrade. Den Menschen in die sich ständig ausweitenden Schichten des Bewusstseins durch planetarische, solare und kosmische Tore einzuweihen, ist zum Hauptziel der Weltrituale geworden. Nach und nach werden die sekundären Anwendungsformen und -motive der Weltrituale in den Hintergrund treten, und allein der Pfad der Initiation wird Bedeutung erlangen.

Dies ist die wahre Erneuerung der ältesten Form der Rituale der Menschheit. Dies ist auch der Grund, warum die Mehrzahl der *vedischen* Rituale ihrem Wesen nach für die Gemeinschaft bestimmt ist und die Teilnahme an ihnen für die Öffentlichkeit freier zugänglich ist als dies bei den mittelalterlichen Ritualen der Fall war. Wohlergehen der gesamten Schöpfung im Allgemeinen und der Menschheit im Besonderen scheint der einzige Zweck und Segen der *vedischen* Rituale zu sein. Das als Ergebnis eines *vedischen* Rituals hervorgerufene spirituelle Bewusstsein oder Licht ist dazu da, unter den Teilnehmenden und auch unter jenen, die nicht teilnehmen konnten, verteilt zu werden. Das vom Ritualisten beabsichtigte Wohlergehen ist in seiner höchsten Form die Anrufung des Gottesbewusstseins in jedem Lebewesen dieser Erde. So gibt es eine höhere und erhabenere Auffassung eines jeden *vedischen* Rituals, und diese Auffassung vereinigt alle Rituale in das eine Ritual, d. h. in die Einweihung des Menschen in die menschlichen und solaren Mysterien. Dieser erhabene Aspekt wird von den Meistern der Weisheit hervorgehoben. *Vedavyâsas* Bemühen, den Ritualkodex zur gegenwärtigen *vedischen* und *purânischen* Lehre neu zu ordnen, zeugt vom Werk dieser Meister in diese Richtung. Lord *Krishna* offenbarte und erwähnte diese Erneuerung und Vereinheitlichung der ritualistischen Weisheit in der *Bhagavad Gîtâ*. Das *Bhâgavata-Purâna* enthält Geschichten, in denen *Maitreya* Schüler wie *Vidura* in die neue Lehre einweiht.

Natürlich existiert im Laufe der Jahrhunderte seit Beginn des *Kali*-Zeitalters zeitgleich die niedere Anwendungsart der verschiedenen Rituale in den unterschiedlichen Religionen, doch keine dieser sekundären Anwendungen konnte die Zeit überdauern. Nur eine Schule steht unverändert da, nämlich die Schule der Initiation des Menschen durch die Ritualisierung seines Lebens. Durch das Mittelalter hindurch finden wir verschiedene esoterische Tempel unter den Namen der verschiedenen ritualistischen Orden, die das gleiche Thema und den gleichen Zweck hatten. In der modernen Zeit gibt es einen erneuten Versuch zur Wiedervereinigung der verschiedenen ritualistischen Orden, und einen solchen Orden findet man im Beispiel der Transhimalaya-Feste und -Rituale, die von den direkten und indirekten Schülern der Meister durchgeführt werden. Das

Vaišâkh-Fest, das *Âshadi*-Fest und andere festliche Rituale zu den Vollmonden sowie die unter der Leitung der verschiedenen inneren spirituellen Häupter durchgeführten Initiationen sind gute Beispiele für diesen neuen Ansatz.

In seinen Büchern MASTERS AND THE PATH (Die Meister und der Pfad) und HIDDEN LIFE IN FREE-MASONRY (Verborgenes Leben in der Freimaurerei) beschreibt Charles W. Leadbeater Einzelheiten von einigen Ritualen, die der Einweihung und dem Seelenkontakt dienen. Weitere Beispiele für solche zeitgerechten Versionen dieser Rituale kann man in den einzelnen Gesprächen und graphischen Beschreibungen der Bücher von Alice A. Bailey finden, die sich mit den Strahlen und Einweihungen beschäftigen.

Der Versuch, die modernisierten Versionen der allerältesten Rituale zu gestalten, dient der Beseitigung von allem Unwesentlichen, das sich wie eine Kruste um die standardisierten ritualistischen Wahrheiten der Alten angesammelt hat. Die zweite Hälfte des zwanzigsten Jahrhunderts ist genau die Zeit, in der die alten Mysterien modernisiert, erneuert und zunächst unter verschiedenen Namen und schließlich im

Namen eines einzigen ritualistischen Ordens durchgeführt werden. Einige dieser zukünftigen Versionen der Rituale sind bereits vorbereitet, von denen nur ein paar Exemplare erschienen. Aber auch jene Exemplare existieren nur als Manuskripte, obwohl die Rituale bereits in einigen Initiationstempeln durchgeführt werden. Ein solches Ritual, das in der Tat zu den größten Ritualen zählt, wird am Ende dieses Buches als Beispiel für die zukünftigen Versionen der alten Mysterien gegeben, und es ist das „Mysterienspiel von St. Markus".

5.4 Das Feuerritual

Das Feuerritual bildet den Ausgangspunkt von fast allen *vedischen* Ritualen. Das Feuer anzurufen und es zu sammeln sind die zwei Hauptaspekte dieses Rituals. Wir kennen Feuer nur als das Sichtbarwerden des Feuers. Der Prozess des Entzündens, der Verbrennung sowie der Licht- und Wärmeausstrahlung sind ihrem Wesen nach stets mystisch. Tausend Wissenschaften mögen die Phänomene erklären, doch die Existenz des Feuers vor jedem Sichtbarwerden ist stets ein Mysterium. Es ist höchst symbolisch und schenkt demjenigen, der über die Aspekte des Erscheinens der Flamme nachdenkt, einen Reichtum an Offenbarungen.

Das Entzünden des Feuers und das Aussprechen des Wortes sind die beiden großen Gleichnisse, die in den *Veden* zur Darstellung der Objektivität der Schöpfung gebraucht werden. Das Feueropfer beginnt normalerweise mit dem Weiheritual.

Zwei Phänomene des Entzündens und Durchdringens des Feuers werden symbolisiert und formuliert. Über diese beiden Erscheinungen regieren jeweils die zwei Gottheiten *Agni* und *Vishnu*. Das erste ist der Anfang und das zweite ist der Höhepunkt der Schöpfung der Gottheit. Es heißt, dass alle anderen Gottheiten *Agni* und zugleich *Vishnu* sind. Dies bedeutet, dass jedem Phänomen das Entzünden (das Entstehen des Punktes oder Zentrums des Kreises) vorangeht. Ihm folgt die Durchdringung (der Kreisumfang auf einer Ebene und der Kugel auf allen Ebenen). Diese Kugel wird die „Opferung" genannt, welche auf elf Entsprechungen beruht. Dies bedeutet, dass der Punkt die erste Zahl der

Schöpfung ist (die Zahl Eins), der Kreisumfang ist eine Null, welche die Zahl Zehn als die Einheiten der Schöpfung vervollständigt. Dazwischen gibt es neun Zahlen, die sich als die schöpferischen Potenzen entwickeln und wirken. Deshalb heißt es, dass der kosmische Mensch auf zehn Zehen stand. Die *purânische* Terminologie beschreibt das Wirken der anderen neun numerischen Potenzen als die neun Schöpfer der Schöpfung.

Ein paar erklärende Worte sind erforderlich zu dem Konzept der Zahlen, das den alten Sehern zu eigen war. Die Seher erklärten, dass Zahlen schöpferische Potenzen oder Intelligenzen sind, die ewig als Samen der Schöpfung existieren. Sie entfalten sich zu den Urhebern der Schöpfung. Die Zahlen des Dezimalsystems sind nicht menschengemacht. Sie existieren als kosmische Gedankenformen im Raum, und ein Lebewesen enthält ihre Entsprechungen als Samen, die zur Intelligenz des Individuums hervorkeimen sollen.

Die oben erwähnten elf Einheiten der formgestaltenden Kugel einer Schöpfung werden weiterhin in zwei Gruppen von drei und acht unterteilt. Auf der geometrischen Ebene entfaltet sich die dreifache Aktivität des Universums. Die Symbologen stellen dies als das gleichseitige Dreieck innerhalb des Kreises dar. Dies bedeutet, dass die Schöpfung hauptsächlich auf drei verschiedenen Ebenen manifest wurde. Bei den *vedischen* Tonleitern gibt es drei Ebenen der Klangäußerung. Auch der Inhalt der gesamten Schöpfungskugel ist in drei Gruppen unterteilt: der materiellen Gruppe, der feinstofflichen (astralen und ätherischen) Gruppe und der ideenbildenden Gruppe. Jede dieser drei Gruppen enthält acht Unterabteilungen (die sieben Ebenen und der ursprüngliche Geist). Das gesamte Phänomen wird als eine Versbildung in drei Zeilen von je acht Silben beschrieben. Dies ist die mystische Struktur des *Gâyatrî*-Metrums, das 24 Silben enthält, welche in drei gleiche Teile von je acht Silben unterteilt sind.

Von *Vishnu*, dem Herrn der Durchdringung, wird gesagt dass er das Ganze mit drei Schritten durchdringt. In den *purânischen* Allegorien heißt es, dass er als *Avatâr* zunächst ein Zwerg war, der emporwuchs und die Erde (das materielle Universum), den Himmel (das kausale Universum) und die dazwischenliegenden Bereiche durchdrang. Die Geschichte von *Vâmana* enthält diese ganze Symbolik. Raum, Zeit und Denkvermögen bilden ein Beispiel für diese drei Schritte. Ein weiteres Beispiel sind Vergangenheit, Gegenwart und Zukunft hinsichtlich der Zeit sowie Länge, Breite und Höhe bezüglich des Raumes. Das bewusste, das unterbewusste und das überbewusste Denken stellen ein drittes Beispiel dar.

Der Ritualist bereitet mit *Ghî* eine Kugel aus Maismehl und übergibt diese dem Feuer als Opfer. *Ghî* symbolisiert die reproduktive Aktivität, die weibliche Kraft, weil *Ghî* aus einem weiblichen Tier gewonnen wird. Reiskörner repräsentieren die schöpferische Aktivität, das männliche Prinzip, weil der Same das Keimen darstellt. Solch ein Opfer an das Feuer mit dem oben erwähnten spekulativen Ritualaufbau wird als Anfang des Vollmond- und Neumondrituals betrachtet, weil die Sonne und der Mond auf der solaren Ebene das schöpferische und das reflektierende Prinzip darstellen, während sie auf der planetarischen Ebene die Schöpfung und die Reproduktion (Fortpflanzung) repräsentieren. In der Schöpfung sind sie das Vater- und das Mutterprinzip.

Die Astrologie lehrt uns, dass im Horoskop die Sonne den Vater repräsentiert und der Mond die Mutter. Im Individuum stellt die Sonne den Geist und der Mond die Seele des Menschen dar. Auf einer niederen Ebene repräsentiert die Sonne das Bewusstsein des Menschen (das ICH BIN im Menschen) und der Mond stellt ihre Reflexion dar, die Gedanken des Menschen. Die Erde steht für die physischen Hüllen des Menschen. In jedem lunaren Monat beschreibt das Mondprinzip verschiedene scheinbare Winkel zur Sonne und reflektiert dabei den Sonnenstrahl als Mondlicht der sechzehn Phasen. All diese Phasen kontrollieren die Gezeiten der Meere, die ätherischen Ströme, die den Erdmagnetismus aufrechterhalten, den Flüssigkeitsgehalt der verschiedenen physischen Körper und die mentale Aktivität der Lebewesen. So sehen wir, dass *Ghî* und die Reiskörner eine tiefe Symbolik enthalten. Sie stehen für die schöpferischen und reproduzierenden Prinzipien, die die gesamte Schöpfung leiten.

Dann erstreckt sich die Aktivität des Rituals auf siebzehn Punkte. Die *Yajna*-Formel (die in einem Jahr als Muster verborgen ist) entfaltet sich in zwölf Monaten (entsprechend den zwölf Zeichen des Tierkreises) und fünf Jahreszeiten (entsprechend der Einteilung des Jahres in die Formel des fünfstrahligen Sterns). Auf diese Weise wird der Zeitaspekt der Schöpfung in der Formel eines Jahres abgebildet, und die Persönlichkeit des Jahres wird der erste große Patriarch (*Prajâpati*) genannt. Der Begriff „Patriarch" bzw. *Prajâpati* bedeutet „Vater-König". Die Zeit als Jahr ist der Vater und gleichzeitig der Herrscher dieser Schöpfung. In der Tat ein erhabenes Konzept der Zeit! Hier ruft der Ritualist den *Prajâpati* in sechzehn Versen an. Dies sind die sogenannten „zündenden Verse".

Es gibt eine Allegorie über den Jahresgott. Einmal verließ das Ritual die Götter. Die Götter trachteten wieder danach, es hervorzubringen, und sie brachten es durch ihre Gaben hervor. Dies bedeutet, dass der gesamte Globus, der die Rotation zur Jahresformel manifestiert, periodisch in Auflösung verschmilzt. Dann existierten die Götter, welche die Entsprechungen des Jahres bildeten, als Prinzipien verborgen in einem scheinbaren Nichts. Sie existierten als Samen. Wenn das Jahr erneut in Form des Globus in Erscheinung trat, opferten sie sich wiederum als Teile des Ganzen. Dieser ganze Vorgang wird in einer Allegorie beschrieben als das Hervortreten des Eis, das den *Prajâpati* (den Patriarchen) nach dem vorherigen Verschmelzen enthielt. Dies zeigt, dass die gesamte Schöpfung stets ewig existiert, auch wenn sie periodisch Evolution und Involution durchläuft.

5.5 Rituale der Weihe

Der tatsächliche Beginn des Segnungsrituals ist höchst interessant. Es ist eine exakte Nachahmung der Geburt des Menschen aus dem Mutterschoß. Dies verleiht den sakramentalen Wert der Wiedergeburt. Die Person, die in die Disziplin dieses Rituals eingeweiht werden möchte, wird gebeten, sich in der Position des Babys im Mutterleib niederzulegen. Das Wasser, das auf sie gesprenkelt wird, symbolisiert das Besprengen des Samens im Mutterleib. Das Wasser stellt den Samen des Vaters dar. Dann gilt der Ritualist als „Besitzer des Samens". Nun wird er mit frischer Butter gesalbt und als Gott geweiht betrachtet. Seine Augen werden gesalbt, und dieser Akt symbolisiert das Herabsteigen des Lichts in die Augen des Embryos. Es bedeutet, dass das Lichtbewusstsein in den Menschen im Mutterschoß eingetreten ist, um als sein physisches und spirituelles Augenlicht zu dienen. Dann wird er mit 21 Handvoll *Dharba*-Gras gereinigt. Dies stellt das Erbauen des Körpers des *Purusha* – des embryonalen Menschen nach Art des kosmischen Menschen – dar, mit 21 Brennhölzern in sieben Schichten. „Sieben sind die Schichten, und dreimal sieben sind die Brennhölzer für den *Purusha*", sagt das *Mantram* im *Purusha Sûkta*.

Dann wird er zur Weihehütte geführt. Diese stellt seinen Platz im Mutterleib dar, in dem er das Drama seiner individuellen Entwicklung als Embryo inszeniert. Im und vom sicheren Mutterleib aus lebt und bewegt er sich. Die Sonne sollte in die Hütte nicht eindringen, außer durch einen Eingang im Osten. Solange die Zeremonie noch nicht vollendet ist, sollte der Ritualist auch nicht hinaus in die Sonne treten. Dieser Akt symbolisiert den schlummernden Bewusstseinszustand in den dämmrigen Höhlen, in denen sich seine Entwicklung vorbereitet. Er ist mit einem Gewand bedeckt und zusätzlich in das Fell einer Antilope eingehüllt. Das Gewand stellt den „Hautmantel" dar, den ihm Gott im Mutterleib gibt. Das Antilopenfell repräsentiert die Plazenta. Dort liegt er mit geschlossenen Händen genauso wie ein Baby im Mutterleib. Diese Handhaltung stellt auch das Aufnehmen des polaren und lateralen Bewusstseins dar. Durch diese Handhaltung ermöglichen ihm die Götter, die ihn in „den Pfad" einweihen, aus dem Mutterleib herauszukommen. Das Antilopenfell wird zerrissen, und der Ritualist wird herausgenommen. Dies symbolisiert das Zerreißen der Plazenta und das Herauskommen des Kindes in die Welt. Der Ritualist legt sich nun zusammengekauert mit angewinkelten Händen und Beinen mit dem Kopf nach Osten. Aus dieser Haltung lässt man ihn während einer symbolischen Zeit von sechs Stunden langsam aufstehen.

Der Kopf nach Osten ist höchst symbolisch. Wenn ein Mensch zur Welt kommt, stellt sein Kopf seinen Osten dar. Der Osten ist das Symbol für die Dämmerung des Menschen. Im Horoskop markiert er den Aszendenten. Die Astrologie lehrt uns auch, dass das Zeichen und die Planeten am Aszendenten über den Kopf einer Person herrschen. Die zwölf Zeichen herrschen deshalb in zwölf Unterteilungen über den ganzen Körper, vom Kopf bis zu den Füßen. Wenn ein Menschen auf dem Rücken mit angewinkelten Armen und Beinen und mit dem Kopf nach Osten liegt, dann entspricht der ganze Raumglobus um ihn im spirituellen Sinn dem Ei im Mutterschoß.

Im physischen Sinn ist dies tatsächlich der Fall, wenn ein Kind im Mutterleib liegt. Das Ei im Mutterleib enthält alle Möglichkeiten der 360° des Tierkreises, wobei das geometrische Zentrum im Herzen des embryonalen Menschen liegt. Der Stiel am Ei stellt den östlichen Horizont dar, weil sich der Kopf in den ersten Stadien dort befindet. Hier verleiht die Gesamtheit des Weiherituals dem Ritualisten den sakramentalen Wert der zweiten bzw. der spirituellen Geburt des Bewusstseins, die sich von der Wiedergeburt unterscheidet. Da dieser Teil des Rituals seinem Wesen nach dramatisch ist und die Nachahmung der entsprechenden Phänomene in der Natur enthält, gehört er zur Kategorie der Mysterienspiele. Nach diesem Ritual wird die Person *Devarâta* genannt, das heißt, sie wird den Göttern übergeben und von ihnen aufgezogen. In den Mysterientempeln der verschiedenen alten wie auch modernen Schulen des Ostens und Westens finden wir einen solchen Ritualtypus unter vielen Namen, denn im Mysterientempel der Natur wird es durchgeführt, um einen Menschen aus dem Universum hervorzubringen.

Die symbolische Zeit von sechs Stunden stellt die Periode der sechs Stunden von Sonnenaufgang – der Geburt des Sonnengottes als Kind – bis zum Mittag dar. Während dieser Zeit kann man beobachten, dass die scheinbare Sonne (das Individuum) vom Osten zur Himmelsmitte reist. Entsprechend hat der Mensch seine Position von der horizontalen Ebene zur vertikalen Ebene zu verändern. So beschreibt er einen rechten Winkel, der durch die sich verändernde Position seines Kopfes die Ecke eines Quadrates bildet. Das Quadrat bildet den vierten Teil des Kreises um ihn. In der Evolution stellt dies die Reise der Seele von der horizontalen zur vertikalen Ebene dar. Die horizontale Ebene ist die Ebene der Wirbelsäule eines Tieres, während die vertikale Ebene die Ebene der Wirbelsäule des

Menschen ist. Die Evolution des Menschen vom Stadium eines Tieres umfasst den vierten Teil seiner Evolution vom Stadium eines Atoms zu dem eines Menschen durch das anorganische, pflanzliche, tierische und menschliche Stadium hindurch.

Dann folgt die Zeremonie vom Einrichten des Feuers. Außerdem muss es beschützt werden, damit es das ganze Ritual überdauert. Hier repräsentiert das Feuer das innere Bewusstsein des Menschen, von der Subjektivität zur Objektivität. Feuer wird durch einen Vorgang des Reibens von zwei Hölzern gewonnen. Diese Hölzer werden zurechtgeschnitzt und in einer Weise angeordnet, die einem Ball und einem Sockel – einem Behälter und dem Inhalt – entsprechen. Der Behälter stellt den Raum dar und der Inhalt die Zeit. Aus diesem mystischen Werkzeug des Rituals wird das Leben hervorgequirlt. Das *Lingam,* das die später aus diesem Werkzeug entwickelte Idee darstellt, wird in allen *Śiva* geweihten Tempeln verehrt. Das mit diesem Werkzeug hervorgebrachte und mit richtigem Brennmaterial gesicherte Feuer wird zunächst an einem Platz „im Osten, dann im

Westen und dann im Süden" eingerichtet. Dies geschieht nach dem Tagesverlauf mit seinem vom ersten Sonnenstrahl markierten Osten und Westen und dann dem Meridian, dem sich die Sonne nähert.

Diese drei Feuer entsprechen den Anrufungen vom Morgen, Mittag und Abend. Bei der Zeremonie, das Feuer während der Rituale zu entzünden, wird von den verschiedenen Schulen bis heute die gleiche Anordnung befolgt. Als Erstes wird das Feuer auf dem Altar im Osten mit vielen Gaben verehrt, die aus fruchtbaren, nahrhaften Körnern, Butter und *Ghî* bestehen. Ebenso gehören verschiedene Kräuter zu den Gaben, die medizinische Wirkungen entfalten können, um das Bewusstsein des Menschen anzuheben. In einigen Ritualschulen gibt es einen Hauptaltar im Zentrum des ritualistischen Feldes, der das Licht im Zentrum des Tempels darstellt, um das heiligste Wissen zu erleuchten, das im Herzen des Menschen (Liebe) verborgen ist. So schließt das Weiheritual ab. Danach folgt das Einleitungsritual für das Hauptritual mit der Anrufung des Feuers.

5.6 Die Einleitungs- und Schlussrituale

Die Einleitungs- und Schlussrituale repräsentieren die Ausatmung und die Einatmung der Schöpfung. Astronomisch entsprechen sie dem Sonnenaufgang und Sonnenuntergang. Im Text steht, dass das Einleitungsritual eine Annäherung (des Sonnengottes) an den Himmel bewirkt. Die Göttin *Aditi* (die Urtiefe) rückt hier in den Vordergrund. *Aditi* ist die Mutter der Götter, und sie beginnt, angefangen mit dem Sonnengott, die Götter zu empfangen und zu gebären. Dies stellt das Gleichgewicht des Atems dar, das vor, während und nach dem Aus- und Einatmen besteht. Astronomisch stellt es den Hintergrund des Tages dar, der vor, während und nach dem Sonnenaufgang und Sonnenuntergang existiert.

Sonnenaufgang, Mittag und Sonnenuntergang bilden die drei Ecken oder Kardinalpunkte des Tages, und zusammen mit der Mitternacht (dem Schoß von *Aditi*) ergeben sie die vier Markierungspunkte. Sie sind die vier Punkte des Kreuzes innerhalb des Kreises, der von der scheinbaren Sonne während des Tages beschrieben wird. Auf einer anderen Ebene bestimmen diese vier Punkte in Beziehung zur vertikalen Position des auf der Erdoberfläche stehenden Menschen den Sonnenaufgang und Sonnenuntergang, den Nordpol und den Südpol. Sie bilden den Osten, Westen, Norden und Süden und existieren nur für ein auf der Erde lebendes Wesen. Sie bilden das horizontale Kreuz des Menschen. Das horizontale Kreuz innerhalb des Horizontkreises um den Menschen ergibt, wenn es auf das vertikale Kreuz der vier Tagespunkte gestellt und mit ihm zusammen im Zentrum fixiert wird, die sechs Punkte um den Menschen (Osten, Süden, Westen und Norden, oben und unten).

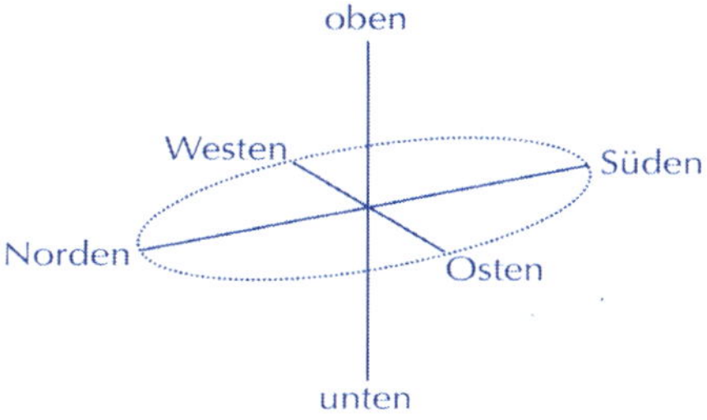

Dies ergibt das sechsarmige ritualistische Symbol, das in der späteren Symbolik *Šanmukha* genannt wird. Wenn die vier Ecken des Horizonts verbunden werden, entsteht das horizontale Quadrat, welches das Kreuz enthält und im horizontalen Kreis fixiert ist. Werden diese vier Punkte mit dem oberen Punkt der Vertikalen verbunden, der die Himmelsmitte (die hohe Zwölf) darstellt, ergibt sich die Figur der Pyramide.

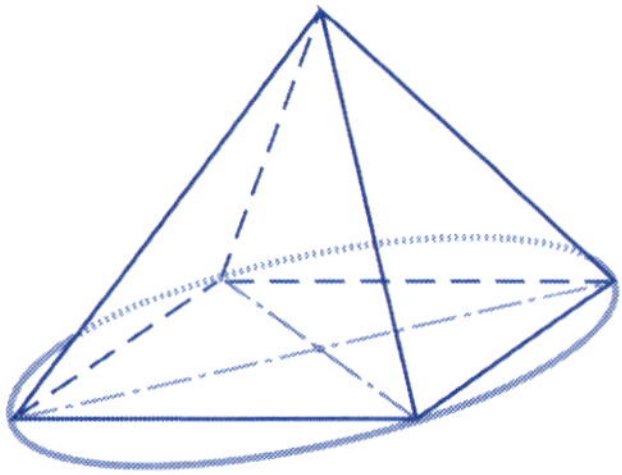

Jede Seite der Pyramide ist ein Dreieck, und die Grundfläche ist ein Quadrat. Numerisch repräsentiert das Dreieck die Drei (Seiten) und das Quadrat die Vier. Diese beiden numerischen Potenzen, 4 und 3, ergeben, wenn sie addiert werden, die 7, die Zahl der Strahlen. Werden sie multipliziert (4 x 3) ergeben sie die Zahl 12, die Zahl der Monate in einem Sonnenjahr oder die 12 Tierkreiszeichen. Die gleiche esoterische Bedeutung beinhaltet die Pyramidensymbolik der ägyptischen Rituale. Jeder esoterische Schüler weiß, dass die Ägypter die Pyramide verwendeten, um den Schüler in die Mysterien des

Sonnenjahres einzuweihen. Die Sonne war der König und der Mond die Königin.

Eine andere Pyramide wird gebildet, wenn die vier Punkte des gleichen Quadrats mit dem niederen Pol der Vertikalen verbunden werden (das Unten stellt die Mitternachtssonne oder den Weg zu den verborgenen Schätzen dar). Der Kandidat muss sich tief im Gestank und Dreck der Materie und ihren dämmerigen Bewusstseinshöhlen aufhalten, um den niederen Punkt zu durchschreiten und im Osten als die nächste aufgehende Sonne (dem nächsten Schritt in seiner Evolution oder Erkenntnis) aufzutauchen, nachdem er die Last der verborgenen Schätze auf seinen Schultern getragen hat.

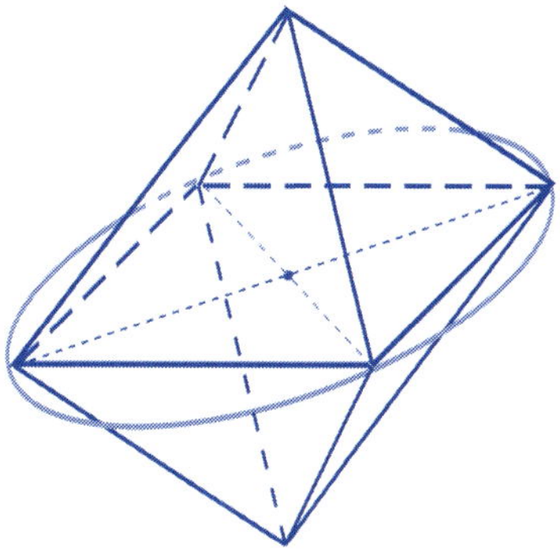

Die Doppelpyramide ist ein sehr wesentliches Symbol in den täglichen Morgen- und Abendritualen eines zweimalgeborenen Initiierten, der den *vedischen* Ritualen angehört.

Während der Invokationen der aufgehenden und untergehenden Sonne ruft der Ritualist zuerst die Gegenwart der Engel im Osten, Süden, Westen, Norden, oben und unten an und beschreibt dann einen Kreis um sich herum, indem er sich entlang seiner rechten Hand um die eigene Achse (wie die Erde) dreht.

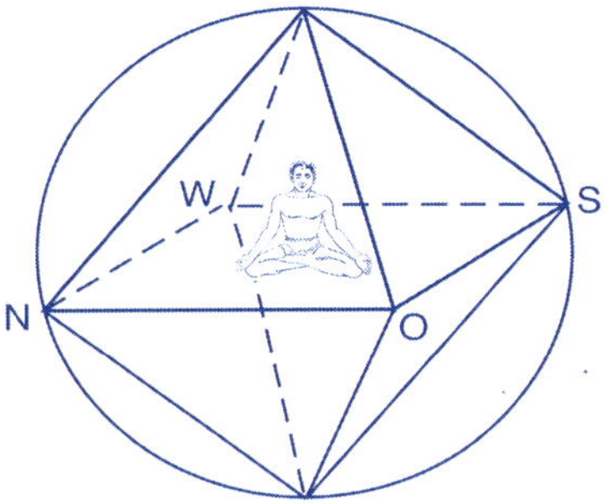

Er macht die folgende Anrufung:

„Ich verneige mich nach Osten
und zu den dort wohnenden Göttern.
Ich verneige mich nach Süden
und zu den dort wohnenden Göttern.

Ich verneige mich nach Westen
und zu den dort wohnenden Göttern.
Ich verneige mich nach Norden
und zu den dort wohnenden Göttern.
Ich verneige mich nach oben
und zu den dort wohnenden Göttern.
Ich verneige mich nach unten
und zu den dort wohnenden Göttern.
Ich verneige mich entlang des Kreisumfangs
und zu den dort wohnenden Göttern."

Diese Formel der Doppelpyramide scheint von den Ägyptern, Chaldäern und anderen Ritualisten, außer denen der *vedischen* Richtung, nicht praktiziert worden zu sein. Hier müssen wir die Verbindung zwischen der Pyramide, der Doppelpyramide und dem Kubus der Ritualisten herstellen. Wenn die Pyramide von der unteren Pyramide getrennt wird und man die Pyramiden dann auf der Spitze einer anderen stehen lässt, stellt die von diesen zwei Pyramiden gebildete feste Gestalt ein Viertel eines Kubus dar. Wenn man vier weitere Pyramiden an der gleichen Spitze stehen lässt, dann haben wir den vollkommenen Kubus, der vom Ritualisten poliert werden muss. Der Kubus ist das Symbol der vollkommenen Anordnung des Jahres.

Ein Kubus hat acht Ecken, und jede Ecke ist umgeben von drei rechten Winkeln (die den vierten Winkel des Kreuzes in die Dichte hinein vernichten. Diese drei Schurken vernichten das Vaterbewusstsein des Erbauers, um seinen vorzeitigen Tod in der Materie dieses Universums zu bewirken). So enthalten die acht Ecken des Kubus 8 x 3 = 24 rechte Winkel, welche die objektiven Mondumläufe des Jahres und die 24 Stunden des Tages bilden.

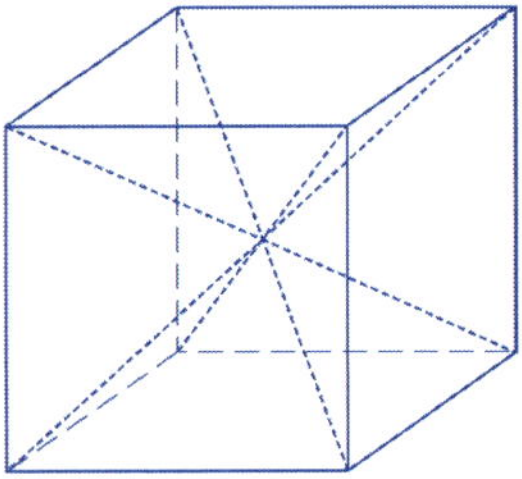

Es gibt acht weitere rechte Winkel, die in die Dichte des Kubus hinein vernichtet werden, und sie existieren als das subjektive Bewusstsein des Jahrgottes und sind als die Stunden um die Achse angeordnet. Dies ist der Grund, warum der Punkt, der Kreis, die gerade Linie, das

Kreuz, das Quadrat, die Linie der Horizontalen (die Wasserwaage), die Linie der Vertikalen (das Lot) und die quadratische Anordnung (der rechte Winkel) die wichtigsten Werkzeuge der Maurerei sind. Um ein Gebäude zu errichten, benötigt man ausdrücklich diese Werkzeuge, weil sie zum Erbauen des gesamten Universums erforderlich sind. Diese Werkzeuge stellen die von der Natur entliehenen Symbole des Menschen dar. In ihnen liegt Wahrheit verborgen, die sich als die geschulte Erfahrung des Ritualisten allegorisch enthüllt. Die Potenzen der vier Ecken des horizontalen Quadrats lauten in der Fachsprache wie folgt:

- Der Osten repräsentiert das Strahlen oder den Glanz.
- Der Süden repräsentiert die spirituelle Nahrung.
- Der Westen repräsentiert die Tiere oder das Vieh (die Tiere des Himmels, die sich als Figuren des Tierkreises verfestigten).
- Der Norden repräsentiert den *Soma*-Saft.

Von den zwei anderen Punkten stellt der obere vertikale Pol den Himmel dar (die subtilen Prinzipien der Schöpfung und des Menschen). Der Text sagt dann, dass „diese Welten einander zugewandt sind“, was bedeutet, dass man eine Pyramide umgekehrt auf einer anderen aufgerichteten Pyramide stehen lässt. Dieses Ritual soll die magnetischen Ströme der Schöpfung (die *Maruts*) in Ordnung bringen. Von diesen Strömen heißt es, dass sie die Untertanen der Götter sind. Wenn man unter ihnen Ordnung schafft, bekommt man die Kraft, Ordnung unter den Menschen herzustellen. Ein Mensch, der diese Ordnung herstellt, lebt in Sicherheit. Die in diesem Zusammenhang verwendeten Invokationsverse des *Rig Veda*, die entsprechend dem Versmaß *Trishtub* verfasst worden sind, übermitteln die gleiche Bedeutung. Sie beschwören:

- „Wohlergehen für uns auf den Wegen der Wildnis“,
- „die höchste Sicherheit auf dem Weg“,
- „oh *Agni*, führe uns auf einem rechtschaffenen Weg zu Reichtum“,
- „wir sind zum Pfad der Götter gelangt“,
- „oh *Soma*, der du geschickt im Denken bist, der Gott aller, der Herr des Guten“.

5.7 Das *Soma*-Ritual

Als nächstes folgt das Ritual zum Erwerb von *Soma*. Astrologisch hat es ebenfalls eine symbolische Bedeutung. Man erhält *Soma*, wenn es in einem von zwei Ochsen gezogenen Karren herbeigebracht wird. Einer der beiden Ochsen sollte angejocht und der andere im Osten gelöst werden, um *Soma* zu beschaffen. *Soma* gehört zum Norden, aber das Kraut wird im Osten erworben. Dies zeigt, dass das gesamte Phänomen der Schöpfung in ihrer astrologischen Symbolik sich vom Norden zum Osten hin bewegt. Aufgrund sehr tiefer astronomischer Phänomene wird die Position der Mitternachtssonne nach Norden verlegt. Viele Zeitalter hindurch folgen diese Phänomene den verschiedenen Rotationen der Erde an ihren Polen. Daher bedeutet „von Norden nach Osten" das Hervorkommen der ganzen Schöpfung aus der Subjektivität der Mitternacht zur Objektivität der Morgendämmerung.

Der Nordpol der Erde verschiebt sich im Laufe der Zeitalter allmählich zum Äquator hin und ruft so zyklische geographische Phänomene hervor. Diese Tatsache hat eine direkte Verbindung mit dem Erwerb von *Soma* im Osten. Der Norden stellt das subjektive Bewusstsein des Menschen dar und der Osten das Erwachen der Objektivität. Dazwischen liegt die nordöstliche Ecke, wo der erste Grundstein gelegt wird, um das gesamte Gebäude zu errichten. All dies enthält einen Fundus an Weisheit, der durch rechte Meditation und das Ritual des Schülers offenbart wird.

Natürlich muss viel erklärt werden, um die fehlenden Glieder zu ergänzen, doch dies benötigt mehrere Bände. Von den beiden Ochsen „symbolisiert der vom Joch gelöste Ochse die Schöpfung am Punkt der Stabilität und der angejochte Ochse die auf einer Reise befindliche Schöpfung". Dieser Satz im Text bezeichnet lediglich die zwei Punkte des Zirkels bei der Beschreibung eines Kreises in der Sprache der modernen Ritualisten. Es wird ebenfalls beschrieben, dass es einen ständigen Kampf zwischen den Kräften des Lichts und der Dunkelheit gibt. In den vier Himmelsrichtungen (Osten, Süden, Westen und Norden) werden die Lichtkräfte von den Kräften der Dunkelheit bezwungen. Dann gibt es einen Kampf in der nordöstlichen

Ecke, und die Kräfte des Lichts bezwingen an diesem Punkt die dunklen Kräfte. Daher ist die nordöstliche Ecke das unbezwingbare Viertel des Ritualisten. Es stellt jenen Aspekt des menschlichen Bewusstseins dar, den wir als „Bemühen" bezeichnen. An diesem Punkt begleicht der Mensch seine Schulden (Verpflichtungen) gegenüber den Göttern und Menschen. Er trägt den Sieg davon.

Die Kräfte des Lichts konnten jene der Dunkelheit an den vier Punkten nicht bezwingen, weil sie keinen König hatten. In der nordöstlichen Ecke wird *Soma* zum König ernannt. Mit *Soma* als König eroberten sie erneut die vier Ecken. *Soma* repräsentiert hier die magische Kraft des Menschen, die ihm vom kosmischen *Soma*-Prinzip durch das Sonnensymbol Neptun verliehen wird. Im menschlichen Körper befindet sich der Sitz von *Soma* irgendwo zwischen der Zirbeldrüse und der Hypophyse. Entsprechend der Symbolik der praktischen Magie ist der Punkt zwischen den Augenbrauen der Osten, und der Scheitel am Kopf, wo sich das *Sahasrâra* befindet, der Norden. Der Sitz von *Indra, Rudra* und *Soma,* der sich zwischen der Zirbeldrüse und der Hypophyse befindet, wird deshalb als der Nordosten bezeichnet. Hier wird *Soma* zum König ernannt, und die helleren Kräfte des Menschen bezwingen die dunkleren. Dieses Bewusstsein, das im Menschen als *Soma* angerufen wird, betrachtet man als Gast des Ritualisten. Dort gibt es das Ritual, *Soma* zu empfangen.

Dann folgt das Ritual, *Soma* hervorzubringen, um *Agni* zu treffen. Hierzu gibt es eine Allegorie, dass *Soma* von den Göttern erworben bzw. gewonnen wurde, indem sie ihm ihre Ausdrucksfähigkeit in Form einer nackten Frau darbrachten. *Soma* verkaufte sich für den Preis der Frau, weil *Soma* ein *Gandharva* ist und Frauen liebt. Aus diesem Grund sollte der Ritualist sein *Mantra* unhörbar sprechen, wenn *Soma* gebracht wird. Die ganze Allegorie bedeutet, dass das Bewusstsein von *Soma* zur *Gandharva*-Ebene (der musikalischen Ebene) gehört. Die Musik äußert (fixiert) sich im Wort. Was eine Frau für einen Mann ist (im höchsten Sinne der Fortpflanzung im Namen der Ausdehnung des objektiven Universums), ist das Wort für *Soma*.

„Die Äußerung geschieht nackt" bedeutet, dass die Kraft der Sprache im Menschen von seinen Emotionen, Instinkten, Reflexen und anderen Einflüssen gefiltert werden sollte. Selbst der Eindruck der menschengemachten Sprache sollte ferngehalten werden. Die Kraft der Sprache sollte dem herabsteigenden Bewusstsein des *Soma* übergeben werden. Wenn in diesem Stadium das Wort geäußert wird, wird es auf der mentalen Ebene nur geäußert, wenn es Musik als Ausdruck einschließt.

Es ist interessant festzustellen, dass die Astrologen die Kräfte der praktischen Magie und der devotionalen Musik im Planeten Neptun lokalisierten. Diese werden auf den höheren Ebenen von der Sonne unserer Erde durch Venus empfangen und vom Mond, der auf den niederen Ebenen als Satellit über den Sonnenstrahl einwirkt. Man denke noch einmal über die bedeutungsvolle Aussage von H. P. Blavatsky nach, dass der Mond als eine Blende für einen höheren Planeten wirkt.

Mit diesem Ritual wird *Agni* nicht nur gesehen, sondern vom Menschen durch das Wort auf höheren Ebenen auch gehört. Die anderen neun Schöpfungsgötter zusammen mit ihren Abkömmlingen, welche die Gruppen der Hierarchien schöpferischer Intelligenzen bilden, folgen *Agni* auf dem Pfad *Somas*, um ihre Gegenwart im Bewusstsein des Menschen hervorzubringen. Hier wird *Agni* verherrlicht als ein für das Leben geschaffener Gott, als ein Gott, mit dem das Leben des gesamten Planeten hervorgebracht wird. Er dient als der Fußabdruck der ritualistischen Nahrung (der mystischen Nahrung der Weisheit) auf dem Nabel der Erde. Deshalb wird im Ritual der Nabel des Hochaltars als der Fußabdruck der Opfernahrung angerufen. Dies bedeutet, dass durch *Agni* die Aktivität des Menschen an seinem Solarplexus als Nahrung der Götter dient.

Dies stimmt im physischen Sinn, weil der Solarplexus über die Peristaltik des Unterleibs herrscht, um die Nahrung für die Kräfte des gesamten Körpers aufzubereiten. Im spirituellen Sinn herrscht die Aktivität des *Chakras* am Nabel über die Emotionen und Instinkte des Menschen, welche von den höheren oberen Intelligenzen verzehrt werden müssen, um den gesamten Plan der ritualistischen Weisheit des Menschen auszuarbeiten. Der ganze Vorgang bezeichnet das Hervorbringen von *Agni*, um *Soma* zu treffen. Das *Agni* des Menschen wird dazu gebracht, sich nach oben zum Nordosten zu bewegen, um dort das kosmische Bewusstsein von *Soma* zu empfangen.

Dieser ganze Vorgang ist in dem von Patanjali angeordneten achtfachen *Yoga*-Pfad enthalten, doch die ältesten ritualistischen Schlüssel sind nicht darin eingeschlossen, weil es Patanjalis Absicht war, nur in Kürze die praktischen Anweisungen zu geben und rationalistische sowie ritualistische Abhandlungen zu vermeiden. Dieser gesamte Vorgang der Ritualisierung sollte zuerst von jemandem angeregt werden. Hier wird derjenige, der dies anregt, *Savitâ* genannt, (welcher der Potenz im Menschen entspricht, die *Sankalpa* genannt wird). *Sankalpa* ist nicht das einzige Erfordernis, das den Schüler zum Erfolg führt. Es sollte eine Kraft erzeugt werden (wie das Bemühen um Ausdruck im Menschen). Diese Kraft ist angeboren und wird als *Brahmanaspati*, der Herr der Ausdrucksweisen, personifiziert. *Brahmanaspati* herrscht über die Kraft, die in der Anordnung der Dinge verborgen liegt. Es ist ein kosmisches Prinzip, das sich durch die Strahlen des Planeten Jupiter manifestiert. Deshalb sagen die Astrologen, dass Jupiter der Herr der Weisheit ist, der zu den Ebenen des Sprechens herabkommt, während Merkur das Sprechen in die Sprache des Menschen übersetzt.

Dem Leser wird empfohlen, die Kapitel über Jupiter, Merkur und Neptun in meinem Buch SPIRITUELLE ASTROLOGIE zu lesen. An dieser Stelle sollte der Ritualist über *Vishnu*, den Herrn der Durchdringung, meditieren, weil alle Götter, von *Agni* bis *Soma* und *Brahmanaspati*, aus seiner Durchdringung entstanden sind. So endet das Ritual, *Soma* als Gast einzuladen, damit er von *Agni*, dem Hausvorstand, empfangen wird. In diesem Vorgang finden wir, dass das Ritual, *Agni* anzurufen und einzusetzen, eng verbunden ist mit dem Entdecken und Einladen von *Soma* (in der Tat bildet es einen Teil davon). Hieraus ergibt sich die Notwendigkeit, die Tiere im Menschen zu opfern. Dies wird symbolisch „Tieropfer" genannt.

5.8 Das Tieropfer

Das Thema ist so umfangreich, dass vom Leser erwartet wird, die Einzelheiten des Rituals bereits aus dem fünften Buch des AITAREYA BRÂHMANA zu kennen. Der Vorgang des Rituals wird dort vollständig ausgeführt. Wir behandeln jetzt die Bedeutung und die gesamte Symbolik des Rituals. Es wurde bereits erwähnt, dass der Mensch alle Tiere der Schöpfung (die tierische Natur) in Form seiner Beziehungen aus vergangenen Geburten in sich trägt. Gottes Absicht ist, den Menschen zum Meister aller Tiere, Pflanzen und Mineralien des Universums zu machen. Der Mensch soll Hüter, Lehrer und Beschützer aller anderen Formen der Schöpfung sein. Solch eine Position höherer Verantwortung erhält man nur, wenn man Meisterschaft über die Tiere in sich erlangt. Daher sind einige Spiritualisten des *vedischen* Pfades der Ansicht, dass der Mensch nichts Getötetes essen sollte. Einige Praktiken werden vorgeschrieben, um dies zu erreichen, z. B. Blätter von hohem Nährwert zu essen, nachdem sie vom Baum gefallen sind. Ernährt sich der Mensch von herabgefallenen Blättern und Wasser, ist er befähigt, die Rituale des Tieropfers durchzuführen.

Eine Abteilung der Tieropfer ist das „Widderopfer". Das Ritual beschreibt die Einzelheiten, wie der Widder zum Ritualplatz zu bringen und der Kopf des Widders mit einer Schere abzuschneiden ist. Der Kopf, der dem Kopf des Patriarchen entspricht, wird *Agni* dargebracht. Wie wir zuvor gesehen haben, stellt der Patriarch das Jahr dar. Die Schere bedeutet die Frühlings-Tagundnachtgleiche, die durch den Pfad der Sonne und den Pfad des Äquators gebildet wird, die am Tag der Tagundnachtgleiche einander kreuzen.

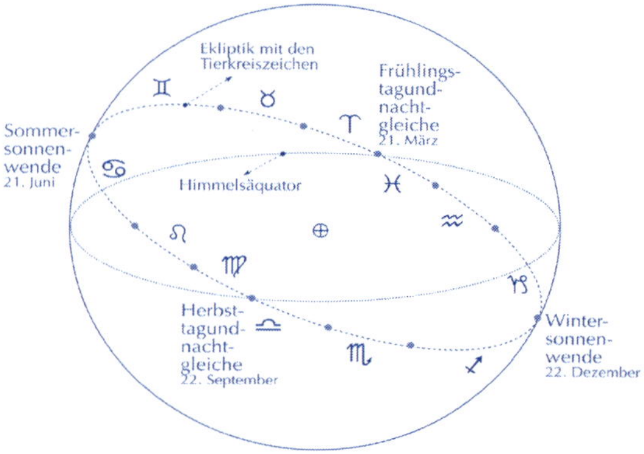

Dies ist die Bedeutung vom Zerschneiden des Jahresringes, um einen neuen Anfang zu machen (das symbolische Durchschneiden der Kehle des Ritualisten als Strafe, um die Wahrheit auszudrücken, weil der Kopf astrologisch den Widder repräsentiert).

Das Sonnenjahr und seinen Anfang mit Hilfe astronomischer und stellarer Phänomene zu bestimmen, bildet ein eigenes, gesondertes Ritual, und das Widderopfer stellt eine Ergänzung dazu dar. Führt der Mensch dieses Ritual auf einer subjektiven und spekulativen Ebene durch, überwindet er den Widder in sich und damit die Unbesonnenheit und Rücksichtslosigkeit seiner primitiven Natur. Später wurde dieses Widderritual von *Vedavyâsa*, dem Autor der *Purânen*, als die Geschichte von *Daksha* allegorisiert. *Daksha* führte das Ritual durch, ohne den Herrn jenseits der Zeit und den Sohn des Herrn einzuladen. Daraufhin schnitt der Herr die Kehle von *Daksha*, dem *Prajâpati*, durch. Sein Kopf wurde durch den eines Widders ersetzt, und das Opfer wurde von neuem durchgeführt.

Auf astronomischer Ebene bezeichnet dieses Ritual den Anfang des großen Jahres, wenn die Tagundnachtgleichen die Konstellation Widder durchqueren, welche von den Sternen Alpha und Beta Arietis gebildet wird. Der Herr jenseits der Zeit, der den Kopf von *Daksha* abschneidet und ihn durch den Kopf des Widders ersetzt, welcher sich in der Konstellation Widder befindet, wird der Herr des Südens genannt oder der Herr, der nach Süden blickt (*Dakshinâmûrti* in den späteren *purânischen* Allegorien). Weiterhin wird beschrieben, dass dieser Herr an der Wurzel des Banyan-Baumes sitzt und seinen Anhängern die Bedeutung des heiligen Wortes in Stille vermittelt. Dies gibt uns den ritualistischen Schlüssel, dass ein Schüler, in dessen Horoskop Widder vorherrschend ist, diesem Pfad folgen sollte. Er sollte ausschließlich die Blätter und Früchte des Banyan-Baums als seine Nahrung zu sich nehmen.

5.9 Das Pferderitual

Das Pferderitual hat eine tiefere Symbolik als das Widderopfer. Es ist eines der Hauptopfer des *vedischen* Pfades. *Soma* und das Feuer anzurufen sind ebenfalls Teil dieses Rituals. Die Pferdesymbolik ist sehr erhaben und poetisch und schließt die Texte der *Veden* und aller *Purânen* ein. Es wird angenommen, dass es von den Königen durchgeführt wurde, um ihre Größe und ihren Glanz weithin zu verbreiten. Jeder Mensch auf dem spekulativen Pfad kann es durchführen, damit er König seines eigenen Lebensbereichs wird. Das Pferd wird herbeigebracht, gestriegelt, geschmückt und den Göttern geweiht. Für eine gewisse Zeit lässt man es dann frei herumlaufen, wobei es von einer Gruppe von Anhängern des Ritualisten beschützt wird. Dann wird es zurückgeführt und auf dem Altar geopfert. In allen Einzelheiten ist das Opfer völlig symbolisch. Selbst die Zahl der Personen, die das Pferd binden und es zum Ritual führen, ist symbolisch. Es sind immer dreizehn Personen. Zwölf von ihnen repräsentieren die zwölf lunaren Monate des Jahres. Die dreizehnte Person, die „Gast" genannt wird, stellt den zusätzlichen lunaren Monat dar, der jedes dritte Jahre auftritt, wenn wir versuchen, den Anfang des Mondjahres dem Sonnenjahr anzugleichen. Gleichzeitig bildet es eine Entsprechung im Bewusstsein des Ritualisten. Diese Entsprechung ist das Bewusstsein, welches das Symbol des geweihten Pferdes zu den bewussten Ebenen des Menschen bringt.

Das letzte Buch des SATHAPATHA BRÂHMANA ist reich an höchst spekulativen Passagen, welche die Bedeutung des Pferdeopfers enthüllen.

Berühmt ist der letzte Abschnitt dieses Buches als die Brihadaranyaka-Upanishade. Dieser Abschnitt beginnt mit der Beschreibung des Tages als die verschiedenen Körperteile des geopferten Pferdes. Das erste *Mantra* darin lautet: „Das Leuchten vor der Morgendämmerung ist wahrlich der Kopf des Pferdes."

In der astrologischen Symbolik ist der gesamte Tierkreis in 27 gleiche Teile bzw. Mondhäuser unterteilt. Das erste Mondhaus wird als *Aświni,* das Pferd, bezeichnet. Wenn man den Tag und das Jahr als einen pferdeköpfigen Gott meditiert, erhält man die tiefsten Offenbarungen der astronomischen Weisheit des *Veda.* In der *purânischen* spekulativen Symbolik herrscht die pferdeköpfige Form der absoluten Gottheit über die Zweige der Weisheit des Lebens. Die Aussendung des roten Strahls zur Zeit der symbolischen Dämmerung steht in direkter Verbindung mit diesem pferdeköpfigen Gott. Vom heiligen Baum Ficus Religiosa heißt es, dass er den Pferdegott in sich enthält. Die Aktivität des gesamten Universums sollte als der obige Baum meditiert werden, dessen Wurzeln nach oben und Zweige nach unten zeigen. Dann bildet es das Tor zwischen dem spekulativen Ritualisten und dem höchsten Gottes-Begriff. In den *Veden* und den *Upanishaden* wird dies beschrieben und von Lord *Krishna* erneut im 15. Kapitel der BHAGAVAD GÎTÂ gepriesen. Die Tradition gibt uns einen praktischen Schlüssel zur Magie: ein Ritualist, in dessen Horoskop das Zeichen Schütze vorherrscht, sollte diesen Pfad einschlagen, von den Blättern des oben erwähnten Baumes leben und sich unter diesem Baum aufhalten.

In den *Purânen* heißt es vom Sonnengott, dass er seiner Frau folgte, die als Symbol auf diese Erde herabkam. Sie kam in Form einer Stute auf die Erde, und der Sonnengott folgte ihr in Form eines Pferdes. Die Allegorie bedeutet, dass die spirituelle Sonne sich auf der physischen Ebene durch ihr Sonnensymbol (das strahlende Licht der Sonne) sichtbar macht, und die Erde empfängt es als das Feuer des Lebens. Dann steigt die spirituelle Sonne in eine Form herab, die durch das strahlende Licht bereitgestellt wird und durchdringt sie mit dem spirituellen Funken, der in allen Wesen als das höchste Prinzip über der Seele dient, welches vom Menschen zu verwirklichen ist.

In den Allegorien des *Mahâbhârata* wird das Pferd der Rituale als der allmächtige Erzeuger der spirituellen Funken beschrieben, die von den Seelen der vielfältigen Wesen dieser Erde bedeckt werden. Es heißt, dass es mit dem solaren Herrn der Sakramente (*Indra*) auf seinem Rücken beständig seine Runden auf dem solaren Pfad dreht. Es existiert auf einer Ebene, welche alle sublunaren Abgründe der Dunkelheit übersteigt und selbst jenseits der Ebenen der Schlangen ist. Die Schlangen symbolisieren die in der Zeit gebundene Weisheit, welche im Menschen verborgen ist.

Stellt das Pferd das kosmische Feuer dar, wird es in den *Veden* als eine Form von *Agni* beschrieben. Der Sprung in der Schöpfung von der Subjektivität zur Objektivität wird an vielen Stellen als das ritualistische Pferd symbolisiert. So stellt das Pferd auf allen Ebenen das immanente Feuer dar, welches jenseits der physischen, mentalen, planetarischen und solaren Phänomene der Flamme existiert. Ein vollständiges Verständnis von Flamme und Feuer auf der kosmischen Ebene kann man nur durch ein sorgfältiges Studium der umfassenden Abhandlung von Alice A.

Bailey über das kosmische Feuer erlangen. Die Verkörperung des stets verborgenen subjektiven spirituellen Bewusstseins als ein Same des höchsten Prinzips in jedem Lebewesen ist die ganze Bedeutung des Pferderituals im *Veda*. Bis der physische Begriff der Flamme in den Köpfen der modernen Wissenschaftler in den zukünftigen Jahrzehnten mit Hilfe der angeblich so weit fortgeschrittenen Kernphysik überwunden ist, die die Kluft zwischen dem Raumprinzip und dem Atom überbrückt, kann der moderne Mensch nicht davon träumen, ein vollständiges Verständnis des Pferdesymbols und des Pferderituals zu erlangen.

5.10 Opfer des Menschen und All-Opfer

Unter allen Ritualen ist das Opferritual das höchste. Führt der Mensch das Ritual im Geist des Opferns durch, wird das Ritual zu einem Opfer. Nachdem er alle Tiere in sich geopfert hat, transzendiert er allmählich seine animalischen Ebenen und wird mit den Tieren des Tierkreises vertraut. Sobald er ihre Natur transzendiert hat (die Charakterzüge des Menschen, die von den zwölf Zeichen in seinem Horoskop stimuliert werden), betritt er die solare Ebene des Bewusstseins. Dann kommt er in Kontakt mit den Tieren im Raum (den Formmodellen aller Wesen im Raum). Nachdem er diese Ebene überschritten hat, verspürt er die Gegenwart des kosmischen Menschen, der ihn unentwegt in der Stille schult. Dann ist es die Pflicht des Ritualisten, das menschliche Bewusstsein in sich zu opfern, um im Bewusstsein des kosmischen Menschen aufzugehen.

Viele Verbindungen seines vergangenen und gegenwärtigen *Karmas* sollten geschickt neutralisiert werden (sie sollten weder ausgemerzt noch bekämpft, sondern neutralisiert werden). Zu den Verbindungen, die in seiner Natur angelegt sind, zählen insbesondere die Verbindung zu seinem Beruf und zum Erwerb seines Lebensunterhalts. Im Menschen gibt es eine Ebene, die ihn zu einem bestimmten Beruf hinzieht oder für den er sich eignet. Dies gilt auch bei einem Berufswechsel. Ein Mensch wählt seinen Beruf aus, oder er wird zwangsläufig zu ihm geführt. Diese Zwangsläufigkeit entsteht durch Saturn. In beiden Fällen wirken seine Verbindungen aus vergangenen Geburten verstärkt auf sein

Denkvermögen ein, um ihn „unabhängig" oder vernünftig entscheiden zu lassen. Es ist sehr schwierig, dieses Berufsbewusstsein zu überwinden, weil jeder Mensch viele Schichten von vergangenen Berufen als Verbindungen in sich trägt.

Das Opfer des Menschen mit den verschiedenen damit in Verbindung stehenden Opfern schreibt im *Veda* vor, dass verschiedene Personen aus unterschiedlichen Berufen als Opfer im Feuer verbrannt werden. Aus diesem Grund gibt es eine Liste von Opfern, die in einigen Ritualen viele Tiere oder Menschen vieler Berufe enthalten, die je einem Gott der kosmischen Götter geopfert werden. Hier bezieht sich der Begriff „Gott" oder „Götter" nicht auf eine Vorstellung von Monotheismus oder Polytheismus, sondern die Götter stellen die verschiedenen Kräfte dar, welche sich als Entsprechungen in den Körper des einen Gottes einfügen. Man sollte in sich hineinschauen, sich zu einem Beruf zugehörig erkennen und sich (sein Berufsbewusstsein) durch das Medium des Opfermaterials in das Feuer opfern. Um die Liste abzuarbeiten, wird dieser Prozess wiederholt, wenn der Ritualist die Ebenen des Berufsbewusstseins überschreitet. Er verbleibt einfach ein Mensch, der bereit ist, sich in den Geist des kosmischen Menschen aufzuopfern. In der mystischen Hymne *Purusha Sûkta* wird der Vorgang dieses letzten Opferns erläutert. Die Hymne beschreibt das Menschenopfer des kosmischen Menschen, das von ihm durchgeführt wird, bei dem er sich mit Hilfe der verschiedenen *Devas*, die aus ihm hervorgekommenen waren, in die Weite des Universums aufopfert. Diese *Devas* banden den kosmischen Menschen an einen vertikalen Pol und machten ihn zu einem Opfertier. Aus seinem Fleisch und Blut kam die Quintessenz des gesamten Universums hervor.

Die gleiche Beschreibung gilt für den Vorgang, bei dem der Ritualist sich an einen vertikalen Stab bindet (seine Wirbelsäule auf der mikrokosmischen Ebene und die Linie, die seinen Mittag und seine Mitternacht auf der Opferskala verbindet) und sich (in rechter und alter Form) in Anlehnung an das Opfer des kosmischen Menschen als Opfer darbringt. Die gleiche Beschreibung gilt ebenfalls für den Vorgang, bei dem der Vater zum Sohn wird, wenn er den Sohn in den Mysterientempel einweiht, welcher das Ei im Mutterschoß ist. Dann geschieht das

Erbauen des menschlichen Körpers im Embryo nach dem Bild des Urmenschen.

Hier wird es notwendig, einen neuen Gott, *Viświakarman*, anzurufen. Dieser herrscht über das Formbewusstsein, weil er der Architekt, Nachahmer, Kopist und Erzeuger der Metalle in der kosmischen Chemie ist. *Viświakarman* wird als der göttliche Ingenieur, Bildhauer, Architekt und Baumeister beschrieben. Durch ihn wird die Tradition aufrechterhalten, dass der Sohn die Form und das Wesen des Vaters erbt. Der Text des *Purusha Sûktas* wird auch für das Ritual verwendet, bei dem der Mensch seinen physischen Körper verlässt (stirbt), um sich von neuem zum Bild und Gleichnis des Urmenschen auszudehnen. Deshalb findet diese Hymne zu allen Gelegenheiten bei allen ritualistischen Zeremonien des Menschen Anwendung, sowohl bei den günstigen und als auch bei den sogenannten ungünstigen. Einem spekulativen Ritualisten bietet diese Hymne ein vollständiges Verfahren, das Opfer des Menschen durchzuführen, um alle Grenzen seiner Existenz zu überschreiten.

Als nächstes in der Reihe kommt das All-Opfer, in dem der Ritualist all seine Opferwerkzeuge dem angerufenen Feuer darbringt. Hierin liegt die allerhöchste menschliche Weisheit. Alle Motive, Absichten, Hoffnungen und Anreize werden verbrannt, und der Mensch lebt als ein ewiges Prinzip, das eins geworden ist mit dem suprakosmischen Prinzip (mit der Existenzebene, die von Lord *Krishna* gelebt wird). Der spätere hinduistische Begriff von *Sannyasa* hat seinen Ursprung in diesem Ritual. Dieses Ritual wird von Menschen durchgeführt, wenn sie sich zum Asketentum bekehren.

Die dargelegten Rituale bilden vor allem das Handlungswerk des *vedischen* Ritualisten. Natürlich gibt es viele Dinge, die noch hinzukommen, doch die hauptsächlichen Umrisse sind in dem obigen Plan enthalten. Die verbleibenden Rituale enthalten im Wesentlichen folgende Punkte:

1. *Vâjapeya* oder das Nahrungsopfer
2. *Southramani* oder das göttliche Opfer
3. *Râjasûya* oder das Königsopfer
4. Besondere Opfer, um Wohlstand, Sieg, Glanz und Herrlichkeit, Vieh, Dörfer, Kinder usw. zu erlangen
5. Das Ritual der Vorbereitung des Feuergrundes

6. Das Ritual des Mauerns
7. Das Ritual für *Rudra*
8. Das Aufschichten des Feueraltars
9. Die *Satra*-Rituale
10. *Gavamayana*-Ritual

Unter diesen ist das Ritual des Mauerns sehr bedeutungsvoll und symbolisch. Dort werden alle Einzelheiten ausgeführt, von der Beschreibung der Ziegelmaße bis zur Anordnung der Ziegel in Schichten, hauptsächlich in fünf. Es gibt verschiedene Anordnungen beim Mauern, um verschiedene Muster zu bilden, welche die Aktivitäten der Schöpfung darstellen. Die Anordnung der Ziegel in Form des großen Adlers (*Suparna*) ist tiefgründig und unübertroffen. Sie enthält alle Formen und numerischen Potenzen. Über jeden Ziegel und jedes Ziegelelement herrschen ein *Deva*, eine Zahl und ein Name zur Anrufung.

Das *Satra* ist ein sehr edles und erleuchtendes Ritual, bei dem viele große, namhafte Gelehrte vieler Richtungen zusammenkommen. Es gibt viele Arten dieses höchst spekulativen Rituals, und jede Art unterscheidet sich von anderen in seiner Dauer. Beispielsweise gibt es das *Satra* von 12, 13, 14, 15, 17 und 21 Tagen. Es gibt auch *Satras,* die 12 Monate, 12 Jahre, 100 Jahre und selbst 1000 Jahre durchgeführt werden. So wird das *Satra*-Ritual als ein Erbe weitergeführt. In den *Purânen* finden wir viele Gelegenheiten, wo *Satras* von Königen und großen Weisen durchgeführt wurden. Während des *Satra*-Rituals wurden sämtliche *Purânen* erzählt. In der Regel versammelten sich Weise in den Wäldern und Höhlentempeln zu ausgedehnten *Satras* entsprechend der oben angeführten Einheiten. Das Durchführen eines jeden solchen *Satras* enthielt das Verfassen und Herausgeben der verschiedenen Weisheitsbücher. Während der *Satras* wurden verschiedene Punkte diskutiert und Probleme geklärt.

Gegenwärtig wird ein großes *Satra* abgehalten, das unmittelbar vor Ankunft des *Kali*-Zeitalters begann. Es läuft bis zum Ende des gegenwärtigen Zeitalters. Die Absicht der Weisen ist, dass dieses Opfer das *Kali*-Zeitalter und seinen Einfluss überdauert. Innerhalb des spirituellen Schoßes dieses *Satras* werden verschiedene Meister geschult und Hierarchien ausgebildet. Diese Weisen haben ein mächtiges rotierendes Rad aus der Gesamtheit ihrer Gedankenformen entwickelt, um sie aus dem Einfluss des *Kali*-Zeitalters herauszuhalten. Die verschiedenen Mitglieder dieses *Satras* existieren in verschiedenen Gruppen auf den sieben magnetischen Zentren dieser Erde. Sie alle leben in Gruppenkontakt und arbeiten von Zeit zu Zeit ihren Handlungsplan aus, um die Jünger zu Meistern und Hierarchien der Weisheit heranzubilden. Eine dieser Gruppen existiert an einem Ort zwischen *Kalapa* und *Shambala*. Entsprechend diesem Plan herrscht *Vedavyâsa* über die gesamte Tätigkeit und Lord *Maitreya* kam als der Christus des gegenwärtigen Zeitalters herab. Das Konzept des *Satra*-Rituals ist tiefsinnig und sehr erhaben. Wir können erkennen, dass es wirklich das größte aller *vedischen* Rituale der spekulativen Art ist.

Die Durchführung des obigen Rituals dient dazu, gewisse Ebenen und Privilegien zu erreichen. Wer es mit dem Ziel durchführt, etwas Bestimmtes zu erreichen, wird es erlangen. Das höchste Ziel eines solchen Ritualisten ist die Seligkeit des Himmels (die Erfahrung der *devachanischen* Ebene). Diese Rituale ermöglichen sehr leicht die Reinigung der physischen, astralen, mentalen und *buddhischen* Ebene, so dass der Schüler von den alten Bindungen seines vergangenen *Karmas*, die ihn zurückhalten, befreit wird. Durch die Ausführung dieser Rituale wird somit in einer Geburt gutes *Karma* angehäuft. Wenn der Ritualist seinen Körper verlässt und zur *devachanischen* Ebene aufsteigt, erfährt er die Stufe dieser Ebene so lange wie der Einfluss seines ritualistisch angesammelten guten *Karmas* besteht. Wenn es vollständig erschöpft ist, tritt sein Evolutionsdrang erneut hervor, und er kommt auf die vergleichsweise dichteren Ebenen herab. Sein Bewusstsein ist dabei unter den Pflichten der verschiedenen Ebenen verstreut. So ist die Wirkung der *vedischen* Rituale nur vorübergehend, wenn sie mit einer Haltung, etwas zu erreichen, durchgeführt werden.

Es gibt andere, die die Rituale als ihre Pflicht durchführen, ohne irgendein Motiv. Sie haben überhaupt keinen Gedanken, etwas zu erlangen; sie führen die Opfer einfach als eine Pflicht durch. Für solche Ritualisten bewirken diese Rituale allein Reinigung und Befreiung anstelle eines angestrebten Ziels. Alles kommt zu ihnen entsprechend dem Gesetz der Evolution, das Teil des planetarischen und solaren *Karmas* ist. So wird ihnen ein zweifacher Vorteil zuteil, obwohl sie nicht nach dieser besonderen Freude streben. Freude ist ihnen angeboren und bedingungslos, und kein Gewinn oder Verlust kann ihre innere Natur, die die Seligkeit der Befreiung ist, beeinträchtigen. Sie gehören zur höchsten Kategorie der Ritualisten. Natürlich enthalten die *Veden* all diese Ebenen, doch es ist die Pflicht des höchsten Schülers, nur entsprechend seiner eigenen Wahl zu empfangen. Wenn er etwas erlangen will, wird er dadurch gebunden. Wenn er nichts erstrebt, ist er befreit.

Es heißt, dass diese *vedischen* Rituale von einer Person durchgeführt werden sollten, die dazu qualifiziert ist. Diese Qualifikation wird durch gewisse reguläre Rituale, die als Initiationen dienen, erlangt. Sie werden als Sakramente zum Einweihen des Schülers bezeichnet. Es gibt viele solcher individuellen Rituale (da sie sich von den vorherigen Ritualen unterscheiden, die kollektiv ausgeführt werden). Diese Sakramente dienen dazu, das Individuum ab der Zeit seiner Befruchtung im Mutterschoß, während der vorgeburtlichen Periode, zur Zeit seiner Geburt und während der verschiedenen Stadien seines Wachstums zu initiieren. Merkwürdigerweise gehen sie einher mit den durch das Heranwachsen bedingten biologischen, physiologischen, metabolischen, psychologischen und emotionalen Veränderungen des Menschen. Ein wichtiges Sakrament wird vom Vater direkt nach der Geburt durchgeführt, noch bevor die Nabelschnur durchtrennt ist. Der Vater berührt den Kopf des Kindes und ruft den Bewusstseinsfaden an, der den Vater und den Sohn verbindet, indem er das folgende *Mantra* spricht. Es bedeutet: „Du bist von Körper zu Körper geboren. Du bist das Ich Bin in mir in Form meines Kindes." Es ist eine Anrufung der unterbewussten Natur des Kindes auf den Pfad der Evolution und bewirkt, dass sich das allmählich entfaltende Denkvermögen auf ordnungsgemäße Weise entwickelt.

Das Denkvermögen des neugeborenen Babys ist rein wie ein Spiegel und empfängt alle Eindrücke der ersten paar Stunden nach seiner Geburt. Diese Eindrücke bilden die grundlegende Initiation, durch die sein Denkvermögen in die Objektivität hineinwächst. Die Astrologen wissen, dass die von einem Baby in den ersten sechs Stunden nach seiner Geburt empfangenden Eindrücke (90 Grad Rotation der Erde um ihre eigene Achse) sich unmittelbar auf sein Verhalten innerhalb einer Zeitspanne von 90 Jahren auswirken. Die zur Zeit seiner Geburt am Himmel stehenden Planeten empfangen die zwölf Häuser seines Horoskops unter verschiedenen Winkeln und bilden ein Gefüge individuellen *Karmas*, das er 90 Jahre lang ausarbeitet. Dies kann geheiligt und zu edleren Ausdrucksformen im weltlichen Leben erhoben werden, wenn man das obige Ritual zur Zeit der Geburt durchführt.

Zweitens gibt es das Ritual des ersten Haarschnitts mit wichtigen *Mantren*. Der Sinn dahinter ist, dass die Sonnenstrahlen abgeschnitten werden, um das solare Bewusstsein zu stimulieren, das zum Strahlen des inneren Menschen gebraucht wird (die Sonne als der Innewohnende des Menschen). Im Alter zwischen sieben und vierzehn Jahren erhält das Denkvermögen des Jungen eine zweite Stimulierung. Das Verhalten verändert sich allmählich; das Kind imitiert nicht länger, sondern stellt Fragen. In diesem Alter wird das Ritual der zweiten Geburt durchgeführt. Der Junge wird zum ersten Mal mit den

Ideen der Existenz eines großen ihn umgebenden Universums und eines Zentrum in ihm vertraut, das die menschlichen Gedanken anregt, um der äußeren Welt zu begegnen. Die *Gâyatrî*, das größte aller *vedischen Mantren*, wird im Jungen erweckt. Er sollte meditieren, dass die *Gâyatrî* seine spirituelle Mutter und der Sonnengott durch die Welt des physischen Pfades sein spiritueller Vater ist. Von dieser Zeit an wird der Junge in die Mysterien des Feuers und seiner Rituale eingeweiht. Es wird von ihm erwartet, dass er sein Haus verlässt, sich dem *Guru* nähert und mit den *Veden* und der damit verbundenen Literatur vertraut wird. Es wird auch von ihm erwartet, dass er einfach bleibt, was seine Nahrung und Ruhe betrifft. Als ein weiteres Sakrament wird ihm das Betteln um seine tägliche Nahrung auferlegt.

Es folgt, dass der Schüler ein Alter erreicht, wo die Polarität des Geschlechts einen Einfluss auf ihn auszuüben beginnt. Seine Intelligenz wird von seinen Emotionen beeinflusst, und die Entwicklung bringt radikale Veränderungen in seiner Persönlichkeit hervor. In diesem Stadium wird seine Heirat als ein Sakrament durchgeführt. Für eine geschulte Seele ist das Sexualleben zweifellos ein Sakrament und eine Notwendigkeit, aber niemals ein Quell des Vergnügens oder Schwelgens. Es ist die Pflicht eines Erwachsenen, der Schöpfung und dem Plan der Evolution zu helfen, indem er sein Sexualleben als eine Gelegenheit anbietet, damit sich reinkarnierende Seelen verkörpern können. So ist für einen Ritualisten alles Leben eine Pflicht und sollte unter seiner mentalen Kontrolle stehen.

Ein gründliches Wissen um den Vorgang der Schöpfung und Fortpflanzung wird während des Studiums der Schriften zu Füßen des *Gurus* vermittelt. Es heißt, dass zwei Gruppen von Intelligenzen über den ganzen Schöpfungsvorgang herrschen. Eine Gruppe gehört zur Aktivität der Schöpfung, und eine zweite Gruppe gehört zur Fortpflanzung. Schöpfung ist eine zyklische Aktivität der subtileren Ebenen, und Fortpflanzung ist eine Imitation dieser Aktivität, um die gröberen Ebenen in der gleichen Abfolge und Anordnung hervorzubringen. Der gesamte phallische Mechanismus des physischen Körpers der verschiedenen Wesen ist nur eine Kopie der höheren Schöpfungswerkzeuge. Der Sexualtrieb ist ebenfalls eine Kopie des Drangs des Absoluten, als Schöpfung herabzukommen. Diese zwei Ebenen sollten vom Schüler klar verstanden und gleichgesetzt werden. Nur dann kann er seine Fortpflanzungspflichten erfüllen, ohne es an der notwendigen Haltung den schöpferischen Ebenen gegenüber fehlen zu lassen.

Wenn der Faden unterbrochen ist, wird die Fortpflanzungstätigkeit zum Selbstzweck und zum Vergnügen, und der Mensch fällt auf die Ebene des Schwelgens herab. Hier zeigt sich der Unterschied zwischen den Pflichten eines Ritualisten und denen des normalen Menschen. Der letztere ist nur ein Tier, das auf das biologische Verhalten reagiert. Der Unterschied besteht darin, dass es dem Tierreich an der Intelligenz des Menschen mangelt; es wird von der Natur durch den Instinkt gnädig gelenkt. Der Mensch zerreißt dieses Band mit der Natur und stillt seine Gelüste, ohne dass es seiner natürlichen Bestimmung entspricht. Das ist der Grund für die vielen Übel, an denen der Mensch leidet.

Jeder biologische Schritt, einschließlich Mutterschaft und Entbindung, wird riskant. Die Gesundheit des Menschen verschlechtert sich. Im Unterschied zum Tier benötigt der Mensch die

Hilfe der Medizin, um ihn bei jedem Schritt zu schützen. Während bei den Tieren aufgrund der spezifischen Paarungszeiten Geburtenkontrolle natürlich ist, wird sie beim Menschen zu einem Problem, und er sucht nach so vielen minderwertigen Mitteln, um den Problemen zu entkommen, die er durch sein eigenes Fehlverhalten hervorruft. Ein solches Risiko kann der Mensch leicht überwinden, indem er seine emotionale Aktivität ritualisiert. Dadurch wird die Hilfe der Natur wiedergewonnen und Harmonie hergestellt.

Aus so vielen Gründen ist es unumgänglich, dass man mit den Funktionen der schöpferischen und reproduktiven Aktivitäten in sich vertraut sein sollte. Die *Devas,* welche beide Aktivitäten leiten, werden jeweils *Devas* oder *Pitris* genannt. Von einigen Orientalisten wurde oftmals falsch interpretiert, dass die *Pitris* der *vedischen* Literatur die toten Vorfahren der Menschen seien, die zum Gedenken verehrt werden. Was für eine unsinnige Auffassung einer tiefen Wahrheit! Es stimmt, dass die *Pitris* unsere Vorväter sind, aber nicht im individuellen Sinn. Sie sind die Vorväter der jetzigen Menschheit in jeder Runde.

In Bezug auf diese Menschheit (welche zur fünften Wurzelrasse gehört), kamen die Vorväter vom gegenwärtigen Mondglobus herab, weil dieser Mondglobus die frühere Erde war. Sie wurde von einer Menschenrasse bewohnt, die jetzt zur Ebene der *Pitri Devas* aufgestiegen ist. Einst kam diese Menschenrasse auf diese Erde herab, um sie zu bevölkern. Deshalb hält sie noch immer die Verbindung zwischen dieser Erde und unserem Satelliten-Mond aufrecht, um als Hilfe für die Evolution dieser Erde die Fortpflanzungsfunktionen durchzuführen.

Die Evolution der vier Reiche dieser Erde hat viel mit den Intelligenzen zu tun, die durch die lunaren Strahlen vom Mond zur Erde kommen. Es ist eine biologische Tatsache, dass kein Samenkorn ohne die Hilfe der Mondphase keimen kann. Das Wachstum des Getreides steht in einem direkten Zusammenhang mit der Mondphase. Jeder wahre Astrologe weiß, dass der Menstruationszyklus der Frau, der Eisprung, die Befruchtung, das Gebären und das Wachstum des Fötus durch die Mondumläufe geleitet werden. Tatsächlich ist der Mond die Mutterkraft aller Fortpflanzungsphänomene dieser Erde. Soviel nur zu den *Pitris* dieser Erde. Ebenso gibt es *Pitris* für jeden Planeten und selbst für jedes Sonnensystem. Sie bilden einen Teil der kosmischen Intelligenzen. Die *vedische* Lehre hat viel Licht auf das Wirken der *Pitris* geworfen.

Bei den ersten Rassen der Menschheit, die sich auf dieser Erde bildeten, gab es eine Zeit, als die Menschen noch keine verschiedenen Geschlechter hatten. Es existierte eine Rasse der Hermaphroditen, die unter dem direkten Einfluss der Sonnengötter Hermes und Aphrodite (Venus und Jupiter) auf dem Pfad der Evolution geschult wurden. Diese Menschen pflanzten sich durch einen Vorgang binärer Teilung fort. Nach und nach intervenierten luziferische Intelligenzen, die vom Mars zur Erde herabkamen. Sie verursachten die Polarität der Geschlechter. Langsam wurde der niedere Pol im Menschen stimuliert, als die Entstehung des Südpols dieser Erde abgeschlossen war (siehe das Kapitel über Jungfrau in meinem Buch SPIRITUELLE ASTROLOGIE). Auch dann hielten die höheren schöpferischen Intelligenzen die Aktivität des Mars unter Kontrolle, und das Geschlechtsleben war nur eine gelegentliche Notwendigkeit, um die Evolution durch Zeugung voranzubringen. Sie war nie ein Quell des Vergnügens.

In Übereinstimmung mit einer höheren Notwendigkeit auf der solaren Ebene gewann der marsische Strahl langsam an Bedeutung. Ungeachtet seines höheren Zwecks entwickelte der Mensch ein Verlangen nach dem Geschlechtsakt. Dies war der Anfang der niederen und minderwertigen phallischen Aktivität in der Psychologie des Menschen und der Phallusverehrung in der Religion gewisser Rassen. Selbst heute beeinträchtigt der marsische Strahl den reinen Liebesstrahl der Venus in den Horoskopen bei einem Großteil der Menschen. Natürlich bilden die Meister und viele Spiritualisten der weißen Magie eine Ausnahme.

Im Tierkreis liegen die zwei von Venus beherrschten Zeichen Stier und Waage den Zeichen Widder und Skorpion gegenüber, die in der Mehrzahl der Horoskope von Mars regiert werden. Dies zeigt, auf welche Schwierigkeit ein spiritueller Schüler trifft, der versucht, die Geschlechtspolarität in sich zu neutralisieren, indem er den niederen reproduktiven Pol passiv macht und den höheren schöpferischen Pol aktiviert.

Die *vedischen* Rituale, welche die Sakramente Heirat, Ehevollzug, Liebe und Fortpflanzung bilden, wurden von den Hierarchien und Sehern sorgfältig ausgearbeitet, um das oben genannte Problem zu überwinden.

Die Schöpfung Gottes und die Fortpflanzung des Menschen werden mit dem Bemühen verglichen, eine halbsubjektive Vorstellung zu äußern, die aus der Subjektivität in eine objektive Welt tritt, die selbst wiederum von der Vorstellung durchdrungen ist. Demjenigen, der über das gesamte Phänomen meditieren kann, erklärt die Allegorie von *Brahmâ*, der *Saraswathî* aus sich selbst erzeugt und ihr folgt, um sie zu schwängern und die Schöpfung in die Objektivität hervorzubringen, das ganze Mysterium. Das Alte Testament der Bibel hat ebenfalls eine ähnliche Geschichte aus seinen Originalen entlehnt, dass Eva aus Adams Brust genommen wurde (was sowohl im Englischen als auch im Deutschen irrtümlich als Rippe übersetzt wurde), und die ganze Schöpfung aus Adam und Eva hervorkam.

Die Rolle des Haushaltsvorstands nach dem Sakrament der Ehe ist selbst ein Symbol des Menschen, der in seinem Körper in der *vedi-*

schen Lehre lebt. Der Körper des Menschen wird mit dem Haus des Menschen verglichen, weil das Hausbauen als Gleichnis für den Menschen gesehen wird, der durch Fortpflanzung den physischen Körper erlangte. Die Heiligkeit der Ehe und die Treue zwischen Mann und Frau ist selbst ein Teil der *vedischen* Rituale und dient der Reinhaltung der phallischen Werkzeuge, damit die in einen Körper herabsteigende Seele keine Verunreinigung erleidet. Für einen Ritualisten bedeutet die Heiligkeit der Sexualität weit mehr als eine soziale Annehmlichkeit und moralische Überzeugung. Bei allem Respekt vor unserem modernen Zeitalter ist es doch so, dass in der heutigen Zeit mehr als die Hälfte der Übel der Menschheit zurückgehen auf die Achtlosigkeit gegenüber der Heiligkeit der Sexualität. Trotz des Fortschritts im wissenschaftlichen Denken führt die gedankliche Ausrichtung der gesamten Rasse die Menschheit selbst in den Untergang, und das ist kein Wunder.

Die *vedische* Literatur ritualisierte ebenfalls das tägliche Leben eines Haushaltsvorstands, und die dafür bestimmten Rituale bestehen aus Formeln, die die kosmische Ordnung nachahmen. Gebet,

Verehrung, Pflichten gegenüber den Eltern, das Aufrechterhalten der sozialen Beziehungen, die Nahrungszubereitung und die Instandhaltung des ganzen Hauses – alles wird ritualisiert und geheiligt. Natürlich lebt ein Mensch auf seiner eigenen Glücksebene ohne ein Gefühl von Heiligung. Dennoch, wenn er sich darum bemüht, seine Tagesroutine zu heiligen, kann er den Unterschied durch die Qualität seiner Erfahrungen erkennen, die ihm das Leben schenkt.

Bei den täglichen Ritualen eines Haushaltsvorstands sind die Morgen- und Abendinvokationen sowie die Invokation zur Mittagszeit besonders wichtig. In den modernen Ritualen stellen sie die Anrufung der Sitze im Osten, Westen und Süden dar. Die Invokation in den Stunden der Dämmerung dient dazu, den Herrn der Morgenröte anzurufen, der den Menschen regelmäßig jeden Morgen weckt. Es wird erklärt, dass die Morgendämmerung keineswegs der Sonnengott ist, sondern jeweils in Relation zum Beobachter existiert. Schlaf wird mit Dunkelheit verglichen und Erwachen mit Licht. Dämmerung bezeichnet das Bewusstseinsbindeglied, das uns aus dem Schlaf zum menschlichen Bewusstsein führt. Tod wiederum wird mit Dunkelheit und Leben mit Licht verglichen. Die Dämmerung bezeichnet das Hervorkommen des Menschen vom Tod zum Leben. Dieses verbindende Bewusstsein wird *Sâvitrî* (eine Potenz von *Gâyatrî*) in der *purânischen* Symbolik genannt, die sich mit dem Tod und der Auferstehung des Menschen als Wahrheitsträger (*Satyavân*) befasst. Während des Rituals zur Dämmerstunde bringt der Ritualist diesem verbindenden Bewusstsein, das durch die Göttin *Gâyatrî* und *Sâvitrî* symbolisiert ist, Gebete dar.

Die Zubereitung der täglichen Nahrung sollte durch die Absicht ritualisiert werden, sie zunächst für einen Gast zuzubereiten. Als nächstes isst dann der Haushaltsvorstand. Bereits die Absicht verändert das Wesen des Menschen, und der Vorgang der Zubereitung wird ebenfalls zwangsläufig geheiligt, wenn mit Sorgfalt gekocht wird. Fünf weitere ritualistische Pflichten sollte ein Haushaltsvorstand ausführen, die als die fünf großen *Yagnas* bezeichnet werden. Sie umfassen seine Pflicht gegenüber den *Devas, Pitris,* Menschen, Tieren und Elementalen. Der Mensch ist ein Produkt des Zusammenwirkens so zahlreicher Intelligenzen. Somit muss er diesen Göttern im Namen von *Devas* und *Rishis* Ehre erweisen. Seine Pflicht den *Devas* gegenüber besteht darin, die Luft, das Wasser, den Raum usw. um ihn herum sauber zu halten, und er sollte sie möglichst mit reinen und feinen Dingen schmücken. Der Gebrauch von Räucherstäbchen in einem Ritual heiligt die gesamte Atmosphäre, und selbst die Nachbarn mögen davon profitieren.

Seine Pflicht den *Rishis* gegenüber umfasst das Bemühen, sich selbst und seine Familie zusammen mit bestimmten Schülern zu erziehen und sie über das intellektuelle und spirituelle Wirken großer Menschen in der Vergangenheit zu unterrichten. In der Tat schuldet jeder all den großen Denkern der Vergangenheit Dank. Seine Pflicht der Menschheit gegenüber ist es, seinen eigenen Fähigkeiten entsprechend Nahrung und Unterkunft zu gewähren.

Die *Upanishade* der ritualistischen Schule, die *Taittirîya Upanishade*, sagt: „Niemandem sollte zur Verfügung stehender Raum verweigert werden – der Mensch existiert im Raum und Raum existiert im Menschen. Raum und Mensch sind beide Materie.“ Dies bedeutet, dass der Mensch dem Raum Dank zumindest für das Volumen schuldet, das sein physischer Körper einnimmt. Die ritualistische Pflicht des Haushaltsvorstands dem Tier gegenüber enthält, dass er gewisse Tiere zähmt und füttert und außerdem den Vögeln etwas gibt. So viele ätherische Wesen und entkörperte Seelen sammeln sich zur Zeit der Fütterung um das Haus eines Haushaltsvorstands. Sie treten in den Körper der Tiere und Vögel ein und kehren mit Segen und unsichtbaren Gunstbeweisen zurück, wenn sie gefüttert werden. Es heißt, dass der Besen, die Mahlsteine, der Feuerplatz und sonstige Haushaltsgegenstände den vielen kleinen Lebewesen im Haus jeden Tag unsichtbar Schaden zufügen. Um die negativen Auswirkungen aufzuheben und um der Schöpfungsordnung eine Wiedergutmachung anzubieten, schreiben die *Veden* die obigen fünf großen Rituale vor. Das Ritual zur Morgendämmerung ruft das auftauchende Bewusstsein und das Abendritual das verschmelzende Bewusstsein des Menschen an. Dazwischen gibt es das Mittagsritual, welches den höchsten Punkt der menschlichen Erleuchtung anruft.

5.11 Die Bedeutung der Feuerbestattungsrituale

Jeder Schüler der Theosophie weiß, dass der Mensch nach dem „Tod" nicht aufhört zu existieren. Wissenschaftlich gesprochen ist der Tod nur ein Verschwinden des zeitweiligen physischen menschlichen Trägers. Wann immer die momentane physische Hülle durch Alter oder Krankheit abgenutzt ist, was das Ergebnis der Übel des Einzelnen oder der Rasse ist, hat der innere Mensch das volle Recht, den unreinen Träger abzuwerfen und sich einen besseren auszusuchen. Somit bedeutet der Tod nur eine Trennung für die physischen Sinne. Viele Zustände der planetarischen Materie, die zum Mineral-, Pflanzen- und Tierreich gehören, kommen im Embryo in ein Gleichgewicht, das von der Geburt bis zum Tode anhält. Somit ist die physische Lebensspanne nur ein osmotischer Druck des Bewusstseins, der den Materiezustand des Geistes aufgrund der ritualisierten Aktivität der *Devas* und *Pitris* wohlgeordnet intakt hält.

Vom Denkvermögen eines Durchschnittsmenschen wird nicht erwartet, dass es all diese Dinge kennt und sich mit den universalen und unvermeidlichen Wahrheiten in Einklang bringt. Deshalb gibt es auch einen unvermeidlichen Ruck in den Gedanken und Empfindungen der sterbenden Person und der Hinterbliebenen. Manchmal verursacht dieser Ruck ein Hindernis für das Fortschreiten der Seele auf ihrem Weg zur nächsten Stufe. Das *vedische* Feuerbestattungsritual bezweckt, dieses Hindernis zu neutralisieren, indem es die erdrückenden, sorgenvollen Gedankenformen und Empfindungen des Menschen und seiner Verwandten beseitigt.

Es gibt ein Reinigungssakrament, um die entkörperte Seele von den Unreinheiten der ätherischen und astralen Ebenen zu befreien. Es reinigt die subtileren Körper der Person und der Verwandten, die an dem Ritual teilnehmen. Diese Unreinheiten sind eine Ansteckungsgefahr für Menschen in der Umgebung, weil sie finstere Gedankenformen und gewisse Krankheiten hervorrufen können. (Die materialistische Medizin kann so etwas nicht für möglich halten, auch wenn die Gründer der fortgeschrittenen Medizin, d. h. der Homöopathie, den

Vitalkörper und die darin gespeicherten Krankheiten erkennen und zufriedenstellende Erklärungen darüber geben konnten.) Aus diesen Gründen hält der *vedische* Pfad die engen Verwandten des Verstorbenen davon ab, innerhalb der ersten zehn Tage, nachdem der Tod eingetreten ist, andere zu berühren. Dass der Leichnam von vier Männern getragen wird, weist auf die richtige Zersetzung des physischen Körpers hin, um in die vier untermenschlichen Reiche zurückzukehren. Automatisch wird die Gegenwart der Engel an den vier Ecken der Erde in diese vier Personen hinein angerufen, und das Werk der vier Schreiber, die die Konten der beendeten Lebensspanne abrechnen, wird erfüllt.

Sobald die Person tot ist, wird der Leichnam mit dem Kopf nach Norden gelegt. Man muss aber unbedingt, bevor das Leben aus dem Körper entweicht, ihn auf den blanken Fußboden legen. Der magnetische Strom der Erde sollte durch den Körper wirken und der örtliche Magnetismus in den Gesamtmagnetismus der Erde aufgehen. Es ist hier interessant zu bemerken, dass ein gesunder Mensch mit seinem Kopf nach Süden schlafen sollte (was seine beiden

Pole in Anziehung zu den ungleichen Polen der Erde hält).

Während der Zeit, wenn die Seele den Körper verlässt, sollte vollkommene Ruhe herrschen. Nur der Name Gottes sollte in irgendeiner Sprache angerufen und in das rechte Ohr der sterbenden Person gesprochen werden. Dies wird für den inneren Menschen förderlich sein, damit er sich am Jüngsten Tag richtig aus dem Grab (dem physischen Körper) erhebt. Die Werkzeuge der Maurerei werden zerbrochen (die Funktionen des physischen Körpers werden neutralisiert) und die Seele tritt in eine dunkle Höhle ein (dem zeitweiligen Unbewusstsein, dem Übergang vom Tod), um auf der anderen Seite in ein größeres Licht einzutreten.

Sobald das Leben entwichen ist, wird eine Lampe in die Nähe seines Kopfes gestellt. Dies zieht die verschiedenen subtilen Kräfte des Körpers an und hindert den abwärts gerichteten Fluss der Äther des Menschen daran, aus den „niederen Regionen" (der niederen Natur des Menschen) zu entweichen. Dann wird der Körper durch ein Bad gereinigt, gebührend geschmückt und von vier Personen auf einem wie eine Leiter konstruierten Gefährt fortgetragen. Dieses Gefährt symbolisiert die Leiter der subtileren Körper des Menschen, welche als Pfad dienen, um ihn von der niederen zur höheren Natur zu führen, bis er die *devachanische* Ebene erreicht.

Der älteste Sohn trägt das Feuer in der Hand. Es ist das Feuer des Lebens, das vom Vater zum Sohn weitergereicht wird und periodisch die physischen Träger verzehrt. Damit wird die Tradition der Aktivitäten des Lebens aufrechterhalten. Mit dem gleichen Feuer wird der Körper auf dem Gelände der Feuerbestattung verbrannt. Das Feuer im Menschen ist das wahre Erbe des Menschseins, welches mitten im Strahlen des Gottseins verborgen liegt, und dieses Feuer ist die Lampe in der Hand des Menschen, das den Weg des Lebens weist und von Zeit zu Zeit seinen physischen Träger verbrennt. Dieser helfende Vorgang, welcher die physischen Träger verzehrt, schließt den Aufstieg der physischen Atome zu den höheren Ebenen mit ein. Indem sie verschiedenen physischen Geweben des Menschen dienten, verhielten sie sich wie Jünger gegenüber dem inneren Menschen.

Der ganze Vorgang des Rituals nach der Verbrennung dauert zehn Tage, und am zehnten Tag sollte die Seele den Pfad von *Swarga* (*Devachan*) erlangt haben. Während dieser zehn Tage führen die Söhne des Verstorbenen das Ritual durch. Durch das verwendete *Mantram* werden die Intelligenzen angerufen, welche die Vererbung des Menschen unter der direkten Führung der *Pitris* bewirken. Die Gegenwart der feinsten Charakterzüge der verstorbenen Seele sollte in die Nachkommenschaft hinein angerufen werden, um an deren Kinder weitergereicht zu werden.

Jede Rückkehr des Mondes zum gleichen Punkt des Tierkreises, an dem der Mond zur Zeit des Weggangs war, wird beachtet und ritualisiert. Diese monatlichen Rituale zeigen den lunaren Pfad (den Pfad der *Pitris*) auf, den die verstorbene Person auf ihrer Reise zum *Devachan* beschreitet. Entsprechend folgen die Nachkommen dem gegenteiligen Pfad durch ihre Fortpflanzungsaktivität und bringen in Form von Kindern das komplementäre Gegenteil hervor. Jeder wahre Astrologe kennt die Beziehung zwischen der Position des Mondes des Vaters und dem Mond des Sohnes.

Diese monatlichen Rituale werden innerhalb der ersten zwölf Monate durchgeführt. Danach findet das erste Jahresritual statt, um die Rückkehr des menschlichen Geistes (der die Rolle des Sonnengottes im Ritual des Lebens spielt) zum gleichen Punkt des Jahres anzudeuten, jedoch weiter fortgeschritten und erleuchtet. Dann hören die Monatsrituale auf und die Jahresrituale werden von den Kindern während ihrer gesamten Zeit als Haushaltsvorstand beachtet. Das Grundprinzip ist höchst wissenschaftlich und enthält die Tierkreismysterien der Rückkehr der Sonne und andere astrologische Phänomene.*

* Die Einzelheiten dieser ganzen Rituale und die verwendeten *Mantren* werden hier aus Platzgründen ausgelassen, weil das Thema eine eigene Abhandlung erfordert.

6. *Purânische* Rituale

Es gibt viele *vedische* Rituale, die im 5. Kapitel unerwähnt blieben. Selbst die Gesamtheit all dieser Rituale bildet nur einen Teil der *vedischen* Rituale ab, die einst existierten. Das Šatapatha Brâhmana beschreibt einige davon und erwähnt viele weitere Rituale, die in den gegenwärtigen *vedischen* Texten nicht zu finden sind. Merkwürdigerweise sind viele im operativen Teil des Buches des Dzyan beschrieben. (Dieses Buch wurde noch nicht an die Welt herausgegeben und wird auch nicht herausgegeben werden, bis das heilige Werk des gegenwärtigen Christus völlig frei ist von den politischen Motiven der Kirchen der verschiedenen heute wirkenden Religionen.) Einige der Rituale sind in Form von Erzählungen und Allegorien in den *Purânen* aufgezeichnet. Die Allegorien in den *Purânen* erfreuten sich großer Beliebtheit, lange bevor die gegenwärtigen Versionen der *Purânen* verfasst wurden. Zur Zeit der *vedischen* Initiationen wurden sie den Schülern direkt von ihren *Gurus* in Form von Geschichten erzählt.

Parâšara, der Vater von *Vedavyâsa*, konnte die Richtung des *Kali*-Zeitalters vorhersehen. Er konnte erkennen, dass die Kette des Pfades von den Anhängern der einen Religion zerbrochen werden würde. Er konnte auch sehen, dass die eine Religion des Menschen durch die Unvollkommenheiten der rationalistischen (nicht-intuitiven) Methode des Zeitalters sich in viele Religionen aufsplittern würde. Deshalb wollte er Allegorien in seine Abhandlung *Vishnu Purâna* aufnehmen. *Vishnu*, der Herr der Durchdringung, der über eine große Anzahl *vedischer* Rituale herrschte und in dessen Namen alle Rituale von *Agni* angerufen wurden, wurde als Persönlichkeit genommen, um die gesamte Weisheit zur Synthese zu bringen. In das Modell des ritualistischen kosmischen Menschen des *Veda* nahm *Parâšara* den *Vishnu* des *Purâna* auf. Er weihte seinen Sohn *Vedavyâsa* in die Einheit seines Lebenswerks ein.

Vedavyâsa gab dann die achtzehn Haupt-*Purânen* heraus, die das Werk seines Vaters erhellen. Er verfasste erneut das große Werk MAHÂBHÂRATA, welches die gesamte *vedische* Weisheit mit all ihren ritualistischen Schlüsseln enthält. Ein großes historisches Ereignis des *Mahâbhârata*-Krieges wurde als Allegorie für die gesamte Weisheit genommen. Ursprünglich war das *Mahâbhârata* ein großes Mysterienspiel, das auf den Ritualplätzen aufgeführt wurde. In einigen Höhlentempeln existiert es noch heute und wird von einem Ritualistenorden aufgeführt. Die gegenwärtige Version des epischen Gedichts wird an die exoterischen Schüler und Gelehrten des *Kali*-Zeitalters herausgegeben, und es wird von den Schülern *Vyâsas* mit vielen Auszügen aus der Originalversion veröffentlicht. Natürlich muss das Ritual vor der äußeren Welt verborgen und geheim gehalten werden, weil ein Ritual die Manifestation großer Macht und okkulter Phänomene darstellt.

Das Schauspiel des *Mahâbhârata* ist im Epos als die Haupterzählung vom Krieg zwischen den *Kurus* und den *Pândavas* eingebaut. Die *Kurus* werden als die 100 Söhne des blinden Königs beschrieben (des menschlichen Egos, wodurch der Menschen blind wird gegenüber der Strahlkraft seiner eigenen göttlichen Natur). Die fünf Söhne des weißen Königs stellen die fünf Sinne des Menschen dar, die dem Licht im Menschen zugehören. Die Geburt der fünf Söhne kennzeichnet den Tod des Vaters, und sie werden als die Söhne der Witwe aufgezogen (solange die fünf Sinne des Menschen in der Welt wirken, ohne ein Bindeglied mit dem Vaterbewusstsein im Menschen zu haben, wird er „der Sohn der Witwe" genannt). Diese fünf Kinder haben ihre Väter unter den *Devas*, obwohl der physische Vater ihr Ausdrucksmittel ist. Daher ist die Mutternatur des Menschen nicht im wahren Sinn eine Witwe.

Die fünf *Devas*, die über die fünf Sinne des Menschen herrschen, führen die Söhne des weißen Königs so lange weiter, bis die fünf Kinder ihren Weg zur Hauptstadt zurückverfolgen und von den Söhnen des blinden Königs das verlorene Königreich zurückerlangen. Auf ihrer Suche bekommen sie Gesellschaft von Lord *Krishna* (dem höchsten im Menschen verkörperten Gottesprinzip). Das ganze Reich wird zweigeteilt, und mit Hilfe von *Viśwakarma* wird durch die Magie Lord *Krishnas* eine neue Hauptstadt erbaut. Dann wird das große königliche *vedische* Ritual *Râjasuya* ausgeführt (aus dem Menschen wird ein König gemacht), das unter der direkten

Leitung von Lord *Krishna* steht. Das Ritual findet in einer großen, von *Asuramaya* errichteten Halle statt und wird den fünf Söhnen der Witwe geweiht. Das Erbauen dieser Halle kennzeichnet den Bau des spirituellen Körpers des Menschen. Es ist die *Antahkarana* der *Râja-Yogis* und die höhere Brücke, die mit „Meister CVV" von seinen Schülern angerufen wird. Sie überbrückt den Spalt zwischen den bekannten und unbekannten Welten des Menschen. Eine detaillierte wissenschaftliche Erklärung des gesamten Vorgangs findet man unter der Überschrift „Der Bau der *Antahkarana*" im Buch Eine Abhandlung über die Sieben Strahlen von Alice A. Bailey.

Nach Beendigung des königlichen Rituals verlieren die *Pândus* bei einem Spiel ihr Königreich an die Söhne des blinden Königs. Sie verlassen das Reich und gehen hinaus in die Wildnis. Dies symbolisiert, dass die göttlichen Prinzipien im Menschen sich in die Objektivität hinein verlieren und das ganze Spiel der vermenschlichten Aktivität der ursprünglich göttlichen Kräfte überlassen. Danach leben die *Pândus* ein Jahr lang unerkannt und bewahren ihre göttlichen Waffen in einem an einen Baum gebundenen Leichnam auf. Der Leichnam repräsentiert das Fleisch und Blut des Menschen, in dem die Schätze vergraben sind. Der Baum stellt den Baum der Evolution dar. Diese *Pândus* leben in dem Reich, das nach dem großen Fisch benannt ist. Er ist Symbol für die Prophezeiung vom gelobten Land oder von der göttlichen Weisheit, die dem Menschen von neuem überreicht wird, wenn er die spirituellen Ebenen erreicht hat.

Am Ende dieser Zeit wurde achtzehn Tage lang der große *Mahâbhârata*-Krieg zwischen den *Pândus* und den *Kurus* ausgefochten. Achtzehn Schwadrone nahmen an der Schlacht teil. Das ganze Buch der MAHÂBHÂRATA umfasst achtzehn Bände. Vor Beginn der Schlacht findet die Einweihung der *Bhagavad Gîtâ* statt, die Botschaft des Herrn an die Menschheit; sie umfasst achtzehn Kapitel. (Achtzehn sind drei Viertel von vierundzwanzig. Dies stellt die Rotation des Globus von 3 x 90° dar und umfasst achtzehn Mondumläufe im Jahr.) Weiterhin symbolisiert es das Hervorkommen des vierfältigen Wortes Gottes auf den ersten drei Ebenen. (Wenn man das Aussprechen des vierfältigen Wortes auf die Geburt und die Spanne des Menschen anwendet, so werden drei Viertel des Jahres im Mutterschoß vollendet und das verbleibende Viertel wird als seine objektive Lebensspanne gelebt, wobei ein Tag in der Progression einem Lebensjahr entspricht. Dies wird besser von den Astrologen verstanden, die die Methode der sekundären Progression kennen, um das Horoskop des Menschen zu lesen.)

Das Thema des oben erwähnten Mysterienspiels *Mahâbhârata* umfasst ebenfalls die Hochzeit der fünf *Pându*-Söhne mit einer Jungfrau, der Tochter des Herrschers des Landes, wo sich fünf Flüsse treffen. Der mittlere der fünf Brüder, *Arjuna*, der Jünger von Lord *Krishna*, repräsentiert das menschliche Bewusstsein, der in das Gottesbewusstsein eingeweiht wird. Ein sich drehender Fisch wird oben befestigt, den *Arjuna* mit fünf Pfeilen treffen soll, während er auf das Bild des Fisches unten im Wasser schaut. Der Fisch oben stellt die göttliche Weisheit dar, welche die Prophezeiung des Menschen ist; und das Bild repräsentiert die niederen Prinzipien des Menschen, die, so wie oben, in den Welten unten anzutreffen sind. Indem die fünf Pfeile den Fisch trafen, heirateten die fünf Söhne die

Jungfrau. Im Tierkreis stellt der Fisch das Zeichen Fische dar, und die Jungfrau repräsentiert das gegenüberliegende Zeichen Jungfrau. *Arjuna* mit seinem Bogen und den fünf Pfeilen steht für das Zeichen Schütze, in welchem der Übergang zu Initiationen verborgen liegt. Die ganze Geschichte ist eine Allegorie für das Zeichen Jungfrau. Wenn die zwölf Zeichen im Menschen zu sechs Tierkreispaaren erhoben werden, um die Aktivität der sechs *Chakren* im Menschen anzuzeigen, wird das Zeichen Jungfrau zur Ebene der Fische erhöht. Bei einem solchen Menschen, der dies durch ein *Mahâbhârata*-Ritual erreicht hat, wird die Sonne (der Geist des Menschen) nach Vollendung ihrer Reise niemals zu Fall kommen (Schwächung in der Waage). Dann betritt der Ritualist erneut den Widder, weil es für ihn nur sechs Zeichen gibt. Dies bedeutet, dass sich die *Kundalinî* zu den oberen *Chakras* erhebt, nachdem sie mit dem Solarplexus in Berührung gekommen ist.

Im *Mahâbhârata* werden auch die symbolischen Reisen der Seele allegorisiert. Die einjährige Pilgerreise *Arjunas* nach der Hochzeit schließt seine weitere Hochzeit mit einer Schwester *Śrî Krishnas* ein. Dies ist die mystische Heirat der menschlichen Seele mit der göttlichen Natur. Dann gibt es die Reise der fünf Brüder in die Wälder, welche die vorsätzliche Reise des initiierten Menschen in die betriebsame Wildnis der irdischen Welt anzeigt. Ebenso wird eine aufwärts führende Reise von König *Nahusha* zur Ebene des Königs der *Devas* und seinem erneuten Fall in die Zeugung, in Form einer Schlange beschrieben. Auch die aufwärts führende Reise seines Sohnes zur selben Ebene, sein Herabkommen zu seinen Mitmenschen und seine nächste Reise aufwärts auf den ewigen Pfad werden dargestellt. Dies symbolisiert die Wanderung des Menschen in die Sphären der ritualistischen Weisheit sowie sein Herabkommen, um seinen Mitmenschen zu dienen und dadurch den Pfad der Befreiung zu erlangen. Schließlich erfolgt die Reise ohne Wiederkehr, die von den fünf Söhnen mit ihrer Frau unternommen wird. Von allen sechs erreicht nur der älteste der fünf Söhne (der Sohn des Todes) das Ziel, weil er seinen Vater nicht zurückließ, welcher ihm in Form eines Hundes folgte (die Wachsamkeit des Menschen, die durch den Hundsstern am Himmel kontrolliert wird).

All diese Reisen werden in den Mysterientempeln von den Anhängern des Ordens, welcher der „alte ritualistische Orden des Mysterienzirkels“ genannt wird, noch immer aufgeführt. Während der nächsten fünfzig Jahre werden einige dieser Rituale herausgegeben, im Detail veröffentlicht und in Ritualhallen in der ganzen Welt unter der direkten Führung der Meister vom siebten Unterstrahl des zweiten Strahls aufgeführt. An vielen Stellen in den Werken von Alice A. Bailey wird dies vom Tibetischen Meister erwähnt. An einer Stelle heißt es*:

„Diese zweite Gruppe wird die neue Religion verwirklichen; bis dahin und wenn sie einmal die Vormachtstellung innehat, wird der alte theologische Geist und Starrsinn völlig gebrochen sein; das Judentum wird rasch verschwinden. Der Buddhismus wird sich ausbreiten und immer dogmatischer werden. Das Christentum wird sich in einem Zustand chaotischer Spaltung und Gärung befinden. Wenn dies eintritt und die Situation sich zuspitzt, wird der Meister Jesus gewisse Maßnahmen einleiten, um wieder die

* Alice A. Bailey: DIE GEISTIGE HIERARCHIE TRITT IN ERSCHEINUNG, S. 685-686

Herrschaft über seine Kirche zu übernehmen. Buddha wird zwei geschulte Jünger aussenden, um den Buddhismus zu reformieren. Diese von Christus geleitete Abteilung für Religion und Erziehung wird auch noch andere Schritte unternehmen. Christus wird sein Möglichstes tun, um die alten geistigen Wegzeichen wieder aufzurichten, um das Unwesentliche auszumerzen und um den gesamten religiösen Bereich zu reorganisieren – wiederum als Vorbereitung zur Wiederherstellung der Mysterien. Diese werden nach ihrer Wiedereinsetzung alle Glaubensbekenntnisse vereinigen. Gruppen geistig gesinnter Finanzfachleute, die bewusste Mitglieder eines *Ashrams* sind, werden in der Weltwirtschaft die Führung übernehmen.

Christus und die Meister der Weisheit sind mit den Vorbereitungen für die Wiederherstellung der Mysterien beschäftigt. Diese Wiederherstellung verläuft in drei Phasen und wird alle Stadien der menschlichen Entwicklung symbolisieren. Die Menschheitsgeschichte wird in Bildern dargestellt. Diese drei Phasen entsprechen im Großen und Ganzen ungefähr den drei Graden der Blauen Loge in der Freimaurerei. Die Analogie ist wegen der Entartung der Freimaurerei nicht ganz genau; aber mit der Erneuerung der Mysterien wird auch die Freimaurerei wieder zu ihrem Recht kommen. Die drei Phasen sind folgende:

1. Ein allgemeines Erkennen von Licht in allen Bereichen des menschlichen Lebens. Das ergibt sich aus der ersten Strophe der neuen Invokation. Wenn das Ritual des E. A. im Lichte dieser Mitteilung studiert wird, wird der Sinn klar werden. Der arme und hilflose Kandidat taucht empor ans Licht.
2. Eine völlige Umstellung und Neuorientierung im Wirtschaftsleben. Dadurch wird die Menschheit von allen wirtschaftlichen Sorgen und Ängsten befreit, und sie darf nun unbeschwert den gebührenden und gerechten Lohn für alle Dienste empfangen, die sie für das Erbauen des Tempels des Herrn geleistet hat.
3. ... der geistige Status wird durch eine Haupteinweihung anerkannt, die durch die ersten beiden Einweihungsgrade nur vorbereitet wird. Diese erste große Einweihung wird öffentlich stattfinden und von allen Leuten als das große Ritual der neuen religiösen Institution anerkannt werden..."

Die ursprüngliche als Schauspiel aufgeführte Form des *Mahâbhârata* wird als eine Folge von Ritualen dargeboten, und zwar mit einigen geringfügigen Abänderungen, bei denen u. a. die Eigennamen entfernt werden, damit man das Werk in dem beabsichtigten umfassenden Sinn verstehen kann. Die gesamte Darstellung wird in englischer Sprache geschehen. Es gibt zwei weitere Rituale, die einen Teil der Mysterien des *Mahâbhârata* bilden. Das erste ist der Herabstieg vom „Quell des Lichtes", von den schöpferischen Ebenen (*Brahmâ Loka*) zur physischen Ebene. Dies enthält die Allegorie vom Fall der *Gangâ* von der Ebene des Schöpfers (des ernannten Gottes, welcher das Tetragramm oder die viergesichtige Gottheit ist, die durch die Formel des Kreuzes innerhalb des Quadrats ausgedrückt wird) zur Erde. Die Erzählung ist in allen Einzelheiten im ersten Buch des MAHÂBHÂRATA enthalten. Ein lunarer König, *Mahâbhisha*, der große göttliche Heiler, verliebt sich in *Gangâ* (den dreifältigen Fluss oder Erguss der spirituellen Aktivität). *Brahmâ* verflucht das Paar, zur Erde herabzusteigen und, nachdem es das Leben dort erfahren hat, wieder zurückzukehren. In der Zwischenzeit werden auch acht Gottheiten von den *Pitris* befohlen, sich auf der Erde zu inkarnieren. *Gangâ* und *Mahâbhisha* kommen als *Šantanu* und *Gangâ* herab, um die ersten sieben *Pitris* als sterbende Götter zu zeugen und den achten *Pitri*, damit er sich auf der Erde niederlässt und die Abstammungslinie bewirkt, ohne selbst zu heiraten. *Satyavatî* (das wahrheitstragende Wort oder die Äußerung des heiligen Wortes in seiner dritten Manifestation) schenkt *Vedavyâsa* das Leben. Obwohl sie eine Jungfrau war, wurde sie von *Parâšara* spirituell geschwängert. *Satyavatî* kam aus dem Bauch des Fisches hervor, und *Vedavyâsa* bewirkt die Geburt des blinden Königs und des weißen Königs. Auch wenn es Teil des *Mahâbhârata*-Schauspiels ist, stellt es selbst ein großes Mysterium dar. Dies verleiht die Einweihung des heiligen Wortes als *Gâyatrî* und gewährt dem Schüler die Fähigkeit, die gesamte *vedische* Weisheit auf vierfältige Weise für sich neu zu gestalten.

Das zweite Mysterienspiel zeigt die Abstammungslinie auf, in der sich der höchste Herr als Lord *Krishna* physisch inkarniert. Ein Vorfahre der *Kurus* und der *Pândus*, der zum lunaren

Geschlecht der *Pitris* gehört und *Yayâti* (der Pilger) genannt wird, heiratet zwei Jungfrauen:

1. den schöpferischen Pfad der *Devas* oder den aufwärts führenden Pfad
2. den Fortpflanzungspfad der *Pitris* oder den abwärts führenden Pfad.

Die erste Jungfrau ist die Tochter *Šukras*, des Lehrers der Kräfte. Die zweite Jungfrau ist die Tochter eines niederen Königs, der zur niederen, dichtphysischen Kraftlinie gehört. *Šukra* selbst ist ein *Deva*, eine schöpferische Kraft, obwohl er ein Lehrer der *Asuras*, der physischen Kräfte, ist. Auf der menschlichen Ebene herrscht *Šukra* durch den Pfad des *Râja Yoga* über den nach oben gerichteten Pfad der Zeugungsflüssigkeit des Mannes. Der König der Dämonen, der zweite Schwiegervater des Pilgers, repräsentiert die Intelligenz, welche die niederen Welten des Menschen regiert. *Yayâti* erhielt von seinen beiden Frauen Kinder, doch nur die Söhne der *Asura*-Frau bekamen das Erbe des objektiven Reiches. Die Söhne des nach oben führenden Pfades erfahren ihren Rang im Leben nur als Prophezeiung, dass Lord *Krishna* in ihrem Geschlecht geboren wird. Dieser Teil des Mysterienspiels symbolisiert im Menschen die zweifache Aktivität der Schöpfung und die Verwirklichung des höchsten Gottes durch die nach oben gerichtete schöpferische Aktivität.

In der Tat bildet dies den Hauptteil des Mysteriums, weil die fünf *Pându*-Söhne seine Anhänger und Jünger werden, um in dem großen *Mahâbhârata*-Krieg den Sieg zu erringen. Merkwürdigerweise wurde diese ganze Geschichte als weltliches Historienspiel öffentlich dargestellt, und dies geschah zum Zeitpunkt, als das Werk vollendet war. Es traf sich, dass *Vedavyâsa* nicht nur auf der spirituellen Ebene ein Zeitgenosse Lord *Krishnas* war, sondern auch auf der physischen Ebene. So hatte er die Möglichkeit, den geschichtlichen Ablauf der ganzen Handlung zu schildern. Für die Jünger der Nachwelt, die im *Kali*-Zeitalter leben, verblieb das Ritual als Erbe, „den Herrn auf Erden unter den Menschen weilen zu lassen" bis zur Wiederkehr Christi auf der spirituellen Ebene und auf der physischen Ebene bis zu der Zeit, wenn Disteln Honig verströmen und Schwerter zu Pflugscharen geschmiedet werden. Dann werden die Eigenheiten des Menschen durch das Werk Christi zum Nektar der Liebe verwandelt sein, dem universalen Mittel und vereinigenden Prinzip aller Religionen. Auch die Politik wird überholt sein und für den Menschen keine Rolle mehr spielen. Eine gleichmäßige Verteilung des Reichtums auf der physischen Ebene wird infolge des spirituellen Bewusstseins ermöglicht, das sich durch Liebe-Weisheit, die Aktivität des zweiten Strahls, ausdrückt.

Vom obigen mystischen Gehalt des *Mahâbhârata*-Rituals her ist deutlich, dass das große Hauptmysterium von der Wiederkunft des Herrn auf Erden durch die ungeheure Größe des gesamten Dramas zweitrangig wird. Deshalb hat *Vedavyâsa* dieses Mysterium als eine unabhängige Allegorie dargestellt, die unter dem Titel *Hari Vamsa* in drei weiteren Bänden des Mahâbhârata in allen Einzelheiten geschildert wird.

Der gesamte *purânische* Ansatz wird von ihm noch einmal als ein weiteres Mysterium gegeben. Dabei bildet der Herabstieg des Herrn den Hauptschlüssel, um den sich die anderen Teile gruppieren. Diese Gliederung kennzeichnet sein letztes Werk, das Mahâ Bhâgavatha, das wiederum im Original eine dramatisierte Version ist.

Als Grundlage für die Anordnung des Buches in zwölf Bänden diente die Formel der zwölf Sonnenmonate des Jahres und der zwölf Zeichen des Tierkreises. Die höchste Gottheit wird zunächst als eine solare Gottheit (*Vasu Deva*) vorgestellt, die durch ein zwölfsilbiges *Mantram* angerufen wird. Die Geburt des Herrn findet im zehnten Band statt und sein Tod im ersten Band. Der Schlüssel zu diesem Mysterium liegt in den Tierkreisritualen, die mit dem Meridian oder dem zehnten Haus beginnen und das erste Haus des kosmischen Horoskops mit einschließen. Dies markiert den Tod des Gottesbewusstseins und die Geburt des menschlichen Bewusstseins. Auf der physischen Ebene wird der Mensch ebenfalls im zehnten Monat seiner embryonalen Entwicklung geboren und begibt sich auf eine Reise zu seinem Ausgangspunkt.

In die vollständige Formel dieses Buches wurde *Vedavyâsa* von *Nârada* eingeweiht. *Nârada* ist der Großmeister aller solaren und lunaren Rituale der Schöpfung. Er initiierte *Vâlmîki* in die solaren und *Vyâsa* in die lunaren Allegorien.

- Auf der kosmischen Ebene wirkt *Nârada* als ein ewiges Prinzip. Dies ist nicht der Name einer Person, sondern ein Prinzip, das sowohl die Aktivität des Planeten Merkur als auch die Aktivität von Neptun über die Venus in sich vereint.

- Auf der Ebene des Venus-Bewusstseins ist *Sanat Kumâra* sein Gegenpart.
- Auf der Ebene von Merkur wirkt *Nârada* als die Intelligenz, Dinge zu vergleichen und gegenüberzustellen (bildlich der „Konfliktbringer" genannt).
- Auf der Ebene von Neptun ist er der Begründer der musikalischen Hierarchie, die das Wort des Herrn durch die Macht der Musik übermittelt.

Dies soll für den Moment genügen, um die wichtigsten Anhaltspunkte für ein erstes Verständnis der *purânischen* Mysterien zu geben. Von *Vedavyâsa* wurden sie neu geordnet, um die *vedische* Weisheit während des dunklen *Kali*-Zeitalters auf Erden zu festigen. Lord *Krishna* hatte sich zum Zeitpunkt seines physischen Todes mit der Seele und dem Geist Lord *Maitreyas* verschmolzen. Daher hat *Maitreya*, der gegenwärtige Christus, die Bürde übernommen, in der heutigen Zeit die Mysterienschulen mit Hilfe der Meister durch ihre *Ashrame* zu erneuern. Natürlich wird Englisch zum zwangsläufigen Medium für den gesamten Plan der Weisheit. Aus diesem Grund werden die phonetischen und etymologischen Unvollkommenheiten des Englischen von Zeit zu Zeit korrigiert, um es als Sprache der Initiierten vorzubereiten. In der Zwischenzeit wird sich Englisch aus politischen, wirtschaftlichen und spirituellen Gründen zur Weltsprache entwickeln.

Das kosmische *Nârada*-Prinzip kommt auf die Erde herab und lebt als ein Weiser, um einige Seher einzuweihen. Durch seine Initiation brachte *Vâlmîki* die solare Allegorie hervor, welche von der Mission des Sonnengottes handelt, um die Aktivität des Jahres dieser Erde zu erschaffen. Die solaren Intelligenzen kommen durch viele Reiche zur Erde herab. Von *Vâlmîki* werden diese in der Geschichte von *Râma* in Form von Allegorien als die vielen Sonnenkönige dargestellt, die auf die Erde herabkamen, um die Inkarnation des Herrn als *Râma* zu bewirken. In den *Veden* wird *Indra*, der König der Götter, in einem bestimmten Sinn *Rudra* genannt. Der Regenbogen wird in der poetischen Bildersprache des Epos „der Bogen *Indras*" genannt. Durch die Sonnenstrahlen steigt das Wasser von der Erde auf und bildet Wolken, auf denen sich der Bogen formt. Die südliche Sonnenwende (im Zeichen Krebs, das den Aszendenten von *Râma* mit dem Mond bildet, der an gleicher Stelle der Herr des Zeichens ist) zerbricht den Bogen, damit das Wasser herabfließen kann. Die vom Pflug gezogene Furche auf dem Feld wird mit der Jungfrau verglichen. Sie ist die Tochter der Erde, die *Râma* zur Frau nimmt, indem er den Bogen zerbricht. Im Kern ist die Geschichte von *Râma* ein Mysterienspiel, welches das Jahr mit seinem aufwärts und abwärts steigenden Pfad thematisiert. Es zeigt die zweifache Aktivität des Menschen, der in die Materie herabsteigt und durch die rituelle Tätigkeit der Sonne zum Geist aufsteigt.

So ist die Geschichte *Râmas* eine Erweiterung des Jahresrituals und auch eine Einweihung in die Bedeutung des *Gâyatrî-Mantrams*. Es ist bemerkenswert, dass die Geschichte *Râmas* in 24 000 Versen verfasst ist, welche die 24 Lunationen des Jahres und die 24 Silben im *Gâyatrî-*

Versmaß darstellen. Gegen Ende des Buches findet sich der Hinweis, dass die ganze Geschichte von *Deva*-Intelligenzen aufgeführt wird, die als Schauspieler ausgebildet sind. Dies zeigt, dass die Urform dieses Buches ebenfalls ein Schauspiel war, das als Ritual aufgeführt wurde. *Vâlmîki* war glücklicherweise ein Augenzeuge der ganzen Geschichte, als sie sich als historisches Ereignis auf der physischen Ebene abspielte. Epen dieser Art sind so machtvoll aufgrund ihrer symmetrischen Anordnung und ihrer Schreibweise, dass sie als große *Mantren* und als Sakramente dienen, um die Leser in das ritualistische Bewusstsein zu erheben und ihre Gefühle, Gedanken und Handlungen zu reinigen.

7. Verschiedene Traditionen unter den *purânischen* Ritualen

Wenn ein Schüler der ritualistischen Symbolik der Nationen sich die gesamte diesbezügliche Literatur genau anschaut, so wird er feststellen, dass gewisse traditionelle Bindeglieder erhalten blieben und in den scheinbar verschiedenen Ideologien als Unterströmung weiter wirkten. Diese entstanden durch die Unterschiede in Zeit und Raum, während die Unterströmung auf der immerwährenden wesenhaften Einheit der Menschen beruht. Die Einheit, die allen Menschen eigen ist, sollte eingehend studiert werden, wobei das Augenmerk auf den übereinstimmenden Merkmalen der verschiedenen ritualistischen Traditionen liegen sollte.

Die folgenden Aspekte scheinen darunter von besonderer Bedeutung zu sein und verlangen vom Schüler ein sorgfältiges Studium.

1. Die Tradition des sterbenden Gottes
2. Die Tradition des ewigen Kampfes zwischen der Schlange und dem Adler

3. Die Tradition des Menschen, der die Schlange besiegt
4. Die Tradition des Mauerns und Erbauens des Tempels

Schauen wir uns nun diese vier bedeutsamen Traditionen an, damit wir durch den spekulativen ritualistischen Schlüssel leicht die grundlegende Einheit aller Religionen erkennen können.

7.1 Die Tradition des sterbenden Gottes

Wir finden diesen Punkt in dem symbolischen Menschenopfer, das im *Veda* enthalten ist. Es heißt, dass *Purusha*, der kosmische Mensch, sich in die ritualistische Gestaltung des gesamten Universums geopfert hat. Alle zweitrangigen Götter, die aus ihm hervorkamen, benutzten ihn als Opfertier. Sie banden ihn an einen Pol und brachten die Existenz der Wesen des gesamten Universums aus ihm hervor. Der Abschnitt, der dieses Ritual und dessen Großartigkeit beschreibt, kommt in allen vier *Veden* vor. In den *Upanishaden* finden wir die Geschichte von *Nachiketas*, der von seinem Vater dem Gott des

Todes (den Herrn des Südens) übergeben wird. Der Sohn betritt das Totenreich, führt eine gute Unterredung mit dem Tod, wird in die Mysterien der gesamten Schöpfung eingeweiht und kehrt mit Gaben und Gunstbeweisen zu seinem Vater zurück.

Im Mahâbhârata wird beschrieben, dass der König *Pându* vor seinen fünf Söhnen stirbt. An seiner Statt treffen die fünf Söhne der Witwe Lord *Krishna* an. Im gleichen Buch finden wir, dass der Gott des Todes vier der *Pându*-Söhne mitnahm. Dann führt der älteste Sohn (welcher der Sohn des Todesgottes ist) mit dem Vater eine Unterredung über die verschiedenen Aspekte der Schöpfung. Dies hat zur Folge, dass die vier Brüder vom Gott des Todes selbst wieder zum Leben erweckt werden. In der Geschichte von *Sâvitrî* wollte die Jungfrau *Satyavân* heiraten. Es wurde prophezeit, dass *Satyavân* (der Wahrheitsträger des Lichtes im Menschen) genau ein Jahr nach der Hochzeit sterben würde. Als sich das Paar in einem Wald befindet, stirbt *Satyavân* während des Sonnenuntergangs. Der Gott des Todes führt ihn in die Unterwelt, doch auch *Sâvitrî* folgt ihm. Nach einer ausführlichen Unterredung mit dem

Gott des Todes erhält *Sâvitrî* durch seine Gunst den Segen, Kinder zu empfangen. Daraufhin muss der Gott des Todes zwangsläufig *Satyavân* ins Leben zurückholen. Direkt nach Mitternacht wird *Satyavân* zum Leben erweckt, und das Paar kehrt nach Hause zurück.

In den Ritualen der Ägypter finden wir an vielen Stellen Tod und Auferstehung. Auch in den Mythologien der heiligen Lehre der Griechen finden sich Erzählungen von Tod und Auferstehung. Die Erzählung von Jesus in der christlichen Bibel beschreibt, wie der Prophet durch die Kreuzigung stirbt und als Heiland vom Kreuz zum Himmel aufsteigt. Die Rituale der modernen Mysterienschulen enthalten die Geschichte vom vorzeitigen Tod eines Baumeisters und dem Bemühen, ihn wieder zum Leben zu erwecken, um das verlorene Wort zu finden. Die Geschichten Adonias beschreiben seinen Tod in verschiedenen Versionen. All diese Geschichten beschreiben nur eine Wahrheit, eine ritualistische Formel, nämlich das Sonnenmysterium.

Der Sonnengott kommt von der Himmelsmitte und geht im Westen unter; dabei opfert er sein Strahlen, um am Mitternachtspunkt tief in die Geheimnisse der Unterwelt einzudringen und jedes Mal mit einer neuen Erfahrung sich im Osten wieder zu erheben.

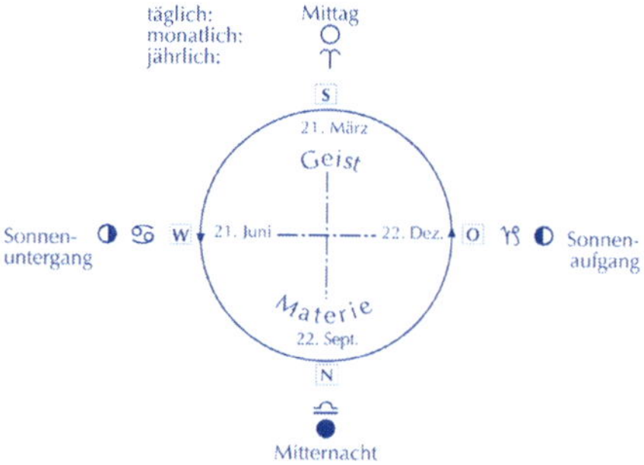

Das ritualistische Gebet der *vedischen* Seher lautet: „Das Heute ist wiederum neu, mit seiner stets neuen Erfahrung". Dies bezeichnet die Formel der symbolischen Reise, welche die Sonne im Verlauf des solaren Jahres beschreibt. Das Frühlingsäquinoktium markiert die Erhöhung oder das Strahlen der Jahressonne um zwölf Uhr Mittag, als „Hohe Zwölf". Die Sommersonnenwende bezeichnet den Sonnenuntergang, und das Herbstäquinoktium den niedrigsten vom Sonnengott erreichten Punkt. Die Wintersonnenwende zeigt erneut die Morgendämmerung an. Diese vier Punkte kennzeichnen im Jahr die vier

Eckpunkte des Kreuzes. Die Himmelsmitte wiederum stellt das strahlende spirituelle Bewusstsein des Menschen als „Hohe Zwölf" um zwölf Uhr mittags (als das Kopfzentrum) dar. Von diesem Bewusstsein aus steigt der Mensch willentlich in die Materie der Schöpfung herab und berührt das Mineral-, das Pflanzen- und das Tierreich, um im Menschen der nächsten Runde als Führer und Retter der drei niederen Reiche hervorzutreten. So vermitteln die Geschichten vom Sonnengott, der stirbt, um eine neue Geburt anzunehmen, mehr als eine Bedeutung. Sie umfassen das gesamte Phänomen der Schöpfung, die im Verlauf der Rotation des großen Rades durch Geburt und Tod geht.

Die verschiedenen Unterredungen, die in diesen Erzählungen von den Handlungspersonen mit dem Gott des Todes geführt werden, enthalten die höchsten Mysterien der Existenz und Nichtexistenz. In all diesen Erzählungen wird der Herr des Todes den *vedischen* und *purânischen* Traditionen entsprechend der „Herr des Südens" genannt. Es heißt, dass *Yama*, der Herr des Todes, der Schutzengel des Südens ist. In den Ritualen wird der Süden aus verschiedenen mystischen

Gründen in der Himmelsmitte lokalisiert. Die südliche Neigung der Erde während des Jahres markiert die Position der Sonne am nördlichsten Punkt in Richtung auf den Nordpol. Der Mittelpunkt, wo die Sonne von Süden nach Norden den Äquator überschreitet, wird „der Jahresmeridian“ genannt. Aus diesem Grund und aus zahlreichen anderen ritualistischen Gründen wird der Süden in der Himmelsmitte lokalisiert. Die Tatsache, dass der Herr des Todes über den Süden herrscht, beweist, dass die höchste Weisheit darin besteht, dass sich der Mensch selbst hingibt, um das gesamte Universum zu durchdringen und zu erleuchten. Diese Tatsache durchzieht und vereint alle überlieferten Geschichten, die sich in ihren Grundzügen gleichen.

7.2 Die Tradition des ewigen Kampfes zwischen der Schlange und dem Adler

Der Vogel und die Schlange haben einen ähnlichen Ursprung, der vom Eistadium herrührt. Der Vogel wie auch die Schlange legen Eier, und die Jungen werden aus den Eiern ausgebrütet. Es heißt, dass der Patriarch, der *Prajâpati Kašyapa*, der über die obere Halbkugel des sichtbaren Raumes (das Himmelsgewölbe für den Menschen dieser Erde) herrscht, zwei Frauen hatte, die Morgen- und die Abenddämmerung. Er bot an, ihnen Kinder zu schenken. Die Abenddämmerung verlangte nach Kindern mit langen Körpern. Sie wünschte, tausend Söhne zu empfangen. Die Morgendämmerung wollte nur zwei Söhne, jedoch mächtiger als die Söhne der Abenddämmerung. *Kašyapa* gewährte ihnen den Segen. Die Söhne der Abenddämmerung lernten, die Tiefen der Erde zu erreichen. Dagegen lernten die Söhne der Morgendämmerung, sich mit ihren Flügeln zu den Himmeln empor zu schwingen. Offensichtlich ist diese Erzählung ein Sonnenmythos mit vielen bedeutsamen Stellen. Die Schlangen, d. h. die Kinder der Abenddämmerung, stellen die verborgene zeitgebundene Weisheit dar. Die Vögel repräsentieren die von der Begrenzung befreite und ans Licht gebrachte Weisheit. Sie werden die niederen bzw. die höheren Aktivitäten im Menschen genannt.

Weisheit liegt im Menschen verborgen und von seiner Natur her am niederen Pol. Sie muss zum höheren Pol erhoben werden, wenn der

Konflikt des Menschen gelöst und das menschliche Leben erleuchtet ist. In den *Veden* wird der Adler als die höchste im Menschen offenbarte Weisheitsformel beschrieben. Die verschiedenen Körperteile des Adlers werden in den *vedischen* Ritualen durch die systematische Anordnung der Ziegel erbaut. Die Form des durch die Anordnung der Ziegel errichteten Adlers umfasst alle anderen festgelegten Formen von Feuerplätzen mit allen möglichen Zahlenkombinationen, nach denen die Ziegel eingeordnet werden. Der *Rig Veda* beschreibt den ritualistischen Adler als einen zweifältigen Adler (den Menschen im Menschen und den Gott im Menschen) auf einem Baum (dem Baum dieser gesamten Schöpfung, die vom Samenprinzip und vom Prinzip der Ausdehnung durch die Keimung symbolisiert wird). Der eine Vogel isst vom Baum und erfreut sich daran, während der andere Vogel sich freut, ohne zu essen. Dieser zweifältige Vogel entspricht dem Emblem des ritualistischen Adlers mit zwei Köpfen, der von den modernen Ritualisten verwendet wird.

Allgemein bekannt aus verschiedenen östlichen und westlichen Schriften ist auch die Geschichte vom mystischen Vogel Phönix. Phönix verbrennt seinen Körper im Feuer, und weil Regentropfen auf die Asche fallen, kann er wieder aufsteigen. Auch diese Geschichte symbolisiert die periodische Auflösung der Schöpfung und die Rückkehr der schöpferischen Essenz, und sie spricht von der Unsterblichkeit des Vogels durch verschiedene Körper hindurch. In der Allegorie des *Mahâbhârata* wird erzählt, dass der Adler *Garuda* den Unsterblichkeitstrank vom Himmel zur Erde gebracht hat. Was für ein wunderbarer Beweis von der grundlegenden Einheit der Wahrheit, die als unterbewusste Muse des Menschen durch Zeitalter und Religionen hindurch im Verborgenen existierte! Die edle Mission der Verschmelzung von Ost und West in der modernen Zeit erfordert zweifellos ein sorgfältiges Studium solch grundlegender Wahrheiten.

Der ewige Kampf im Menschen zwischen der Schlange und dem Adler und dessen Lösung liegen in den Tierkreismysterien im Zeichen Skorpion verborgen. Im Horoskop eines Durchschnittsmenschen steht der Skorpion für die Genitalien und den tierischen Zeugungsakt, dessen

Regent der Mars ist. Für einen Adepten repräsentiert dieses Zeichen Skorpion-Stier, weil es nur sechs höhere Zeichen für die Aktivität seiner sechs *Chakren* gibt. Da die Aktivität der sechs niederen Zeichen, die den abwärts gerichteten Pfad der Sonne markieren, vergeistigt ist, besitzt der Adept die zweifältige höhere Natur jedes Zeichens. Stier repräsentiert die Stimme des Menschen, und die Aktivität des niederen Pols wird zur Ebene der wohlgeschulten Stimme emporgehoben, um durch die Macht des erhobenen oder wiedergewonnenen Wortes zu erschaffen, nachdem es viele Geburten hindurch verloren war. Zu den Insignien der ägyptischen Hohepriester gehörte bei bestimmten Ritualen als Kopfschmuck der Kopf einer Schlange. Dieser stellte die Schlange der Unterwelten, d. h. die *Kundalinî* am Basiszentrum dar, die zur Ebene des Stiers, dem Wort und dem Sehsinn des Menschen aufgestiegen ist. Das Juwel des Emblems mit dem Doppeladler schmückte seine Brustplatte und symbolisiert, dass seine höhere Natur, die die Schlange zu den höheren Ebenen emporhob, als Liebe in seinem Herzen wohnt. Die Beschreibung von Lord *Śiva*, der an seinem Hals eine Schlange als Juwel trägt, hat die gleiche Bedeutung der zur Ebene des Kehlzentrums erhobenen *Kundalinî*, nachdem sie zum Wohl dieser Schöpfung von den höheren Zentren zurückgekehrt ist.

7.3 Die Tradition des Menschen, der die Schlange besiegt

Von H. P. Blavatsky in der GEHEIMLEHRE und von vielen nachfolgenden theosophischen Autoren wurde diese Symbolik ausführlich diskutiert und enthüllt. Wir erhalten einen allgemeinen Überblick über die ritualistische Tradition direkt aus der *vedischen* Literatur. In den *Veden* wird *Indra*, der Herr der *Devas*, als Bezwinger von *Vritra* verherrlicht. Der Kampf zwischen *Vritra* und *Indra*, bei dem *Vritra* am Ende von *Indra* erschlagen wird, umfasst fast ein Viertel der *Mantren* des *Rig Veda*. *Vritra* verschlang in vielen Formen *Indra* und die *Devas*. Jedes Mal wenn *Indra* siegte, wurde er von der Schlange *Vritra* in einer subtileren Form umzingelt. Schließlich packte *Vritra Indra* innerlich und äußerlich. *Indra* und seine *Devas* wurden alle in unüberwindlicher

Finsternis gefangen gehalten. Keine Waffe vermochte die Schlange zu töten. Da verlieh *Brihaspati*, der Lehrer der Götter, *Vâk* (das heilige Wort) als *Vajra* (Donnerkeil) an *Indra*. Damit konnte er *Vritra* für immer erschlagen. Dann legte er den Körper der Schlange zu den Einheiten von Zeit und Raum (*Kastas*), die als die sich ständig bewegenden Brennspäne dienten.

Indra stellt den erkennenden Aspekt des Bewusstseins von *Agni* dar und herrscht über die Frucht aller Rituale des Bauvorgangs. In der *purânischen* Symbolik heißt es, dass die Götter sich dem Seher *Dadhîchi* (der die reine *buddhische* Ebene trägt) näherten und ihn um seine Wirbelsäule baten. Er stimmte zu, und so konnte *Indra* mit der Wirbelsäule als seiner Waffe die Schlange töten. In den Geschichten über Lord *Krishna* in den *Purânen* wird beschrieben, dass er die böse Schlange *Kâliya* besiegte, sie erhob und mit veredelten Charakterzügen ins Meer sandte.

Ein Großteil des ersten Buches des *Mahâbhârata*, das die Einführung der ganzen Geschichte bildet, enthält eine Anzahl von Geschichten, die sich auf das ewige Tauziehen zwischen den

Sehern und den Schlangen, den Göttern und den Schlangen und schließlich dem Adler und den Schlangen beziehen. Von einigen *Rishis,* die zur Ebene der kosmischen und mikrokosmischen *Devas* gehörten und als *Bhrugus* bezeichnet werden, wird erzählt, dass sie einen ständigen Kampf mit den Schlangen ausfochten, bis es am Ende durch Ehebeziehungen zwischen den *Bhrugus* und den Schlangen zu einem Kompromiss kam. Die *Bhrugus* sind Nachkommen von *Varuna,* dem Herrn des Westens.

Es gibt ein *vedisches* Ritual in Form einer Unterhaltung zwischen *Varuna,* dem Vater, und *Bhrugu,* dem Sohn. Es enthält das Sakrament, bei dem der Jünger in die Einzelheiten der menschlichen Existenz eingeweiht wird, in die Beschaffenheit der physischen, physiologischen, mentalen, *buddhischen* und unbegrenzten oder glückseligen Ebenen seiner eigenen Existenz. Die Eigenschaften von Vater und Sohn zeigen an, dass dieses Ritual zu dem Zeitpunkt stattfindet, wenn der Mensch durch den Vater in den Mutterschoß herabkommt.

Auf der mikrokosmischen Stufe stellt der Westen die Aktivität des niederen Pols des Menschen dar, bei der der Sohn durch die Aktivität des Zeichens Waage am Nabel abgetrennt wird (dieses Zeichen tritt später zwischen die jungfräuliche Natur des Zeichens Jungfrau und die Geschlechtspolarität von Skorpion). Die Kontrolle des niederen Pols ist die Stärke des Spiritualisten, und daher stellt der Westen in den Tempeln der Rituale Stärke dar. Die mit den Schlangen kämpfenden *Bhrugus* kennzeichnen im Menschen den Kampf zwischen dem kosmischen und dem zeitgebundenen Bewusstsein.

Ebenfalls im ersten Buch des *Mahâbhârata* wird eine solare Allegorie vom Jünger eines *Gurus* beschrieben. (Dieser spielt die Rolle des Jahressonnengottes, der die vom *Guru* angeordnete symbolische Reise durchführt.) Der Jünger wird durch eine listige Schlange namens *Takshaka,* die Löcher in den Raum gräbt, getäuscht. Dies führte nach und nach zu dem gewaltigen Ereignis des großen Schlangenopfers, das von den Nachkommen der *Pândus* durchgeführt wurde. Es war beabsichtigt, als Holocaust alle Schlangen in der Schöpfung im Opferfeuer des Rituals zu verbrennen. Das Hauptziel war, *Takshaka* aus der Schöpfung zu beseitigen. Tausende Schlangen wurden im Feuer verbrannt, doch *Takshaka* entkam, weil das Ritual in der Mitte angehalten und lediglich durch eine reguläre Rezitation des *Mahâbhârata*-Textes zu Ende geführt wurde. Viele der göttlichen Schlangen wurden durch dieses Opfer ebenfalls gerettet. Das Opfer wurde auf die edle Bitte eines großen Sehers namens *Asthika* hin angehalten, dessen Vater ein Nachkomme der *Bhrugus* und dessen Mutter eine Nachfahrin der Schlangen war.

All diese Geschichten bilden einen Teil der Rituale, die in Nachahmung der kosmischen und mikrokosmischen Phänomene durchgeführt werden. Sie handeln von den scheinbaren Gegensätzen und der wahren Beziehung zwischen der schöpferischen und der reproduktiven Aktivität. Die Aktivität des niederen Pols ist eine Aktivität, die beim gewöhnlichen Menschen der Aktivität des höheren Pols entgegengesetzt ist. Für einen Ritualisten ergänzen sich beide Aktivitäten gegenseitig, wie die Aktivität der beiden Pole eines Magneten und der zwei Pole unserer Erde. Die Polaritäten zwischen der Erde und dem Mond, der Erde und der Sonne und auch zwischen dem Mond und der Sonne ergänzen einander, obwohl sie als Gegensätze erscheinen. Sie verhalten sich wie die Gegensatzpaare Hitze und Kälte, Nacht und Tag, Leben und Tod usw. Das Überleben von *Takshaka* im Schlangenopfer zeigt, dass die Existenz und das Überleben des niederen Pols eine kosmische Notwendigkeit ist, an der nichts Falsches oder Nachteiliges ist. Bestenfalls kann der Mensch dies transzendieren und neutralisieren, aber niemals zerstören.

Das geschaffene Universum, das in Materie eingekleidet ist, ist in seinem göttlichen Gehalt ebenso wahr wie die unerschaffene, feinstofflichere Essenz in ihrem Zustand vor der Manifestation. Das manifestierte Universum wird als die „bedingte Wahrheit" oder als der „definierbare Aspekt" bezeichnet, während das unmanifestierte den „unbegrenzten" oder „undefinierten Aspekt" der Wahrheit bildet. Hier sagt der *Veda*: „Das Definierbare und das Undefinierbare bilden zusammen die Definition. Das in der Form Wohnende und das nicht in der Form Wohnende bilden zusammen den Wohnort. Wahrheit (absolut) und Unwahrheit (relativ) ergeben zusammen Wahrheit." Nach Auffassung der *vedischen* Seher ist dies der richtige Ansatz von der operativen zur spekulativen Ebene des Rituals der gesamten Schöpfung. In allen Schriften der Welt gibt es viele Geschichten von Helden, die die Schlange oder auch den Drachen besiegten. Sie alle handeln davon, wie der Mensch den niederen Pol transzendiert, um ihn zu neutralisieren und zum höheren Pol zu erheben.

7.4 Die Tradition des Mauerns und des Erbauens des Tempels

Jedes *vedische* Ritual schließt zwangsläufig das Errichten des Opferplatzes und das Erbauen des Feuerplatzes mit verschiedenen Ziegelanordnungen mit ein. Hauptsächlich enthält der Feueraltar fünf Schichten Ziegel, die in einer vorgeschriebenen Weise angeordnet sind. Hinsichtlich der Form der Ziegel gibt es ebenfalls viele Anweisungen. Die verschiedenen Ziegelarten und -formen mit ihren entsprechenden Namen bezeichnen die unterschiedlichen geringeren Aktivitäten der Schöpfung.

- Beispielsweise werden die Ziegel der ersten Lage „die unsichtbaren Ziegel" genannt, und

sie repräsentieren die unsichtbare Anordnung der sichtbaren Schöpfung.
- Ebenso gibt es die „lebenstragenden Ziegel" in der ersten Schicht, und sie umfassen zwei Arten, jene von *Prâna* und *Apâna*, den zentripetalen und zentrifugalen Aktivitäten.
- In der zweiten Schicht gibt es die *„Aświni-*Ziegel", die vom Wirken der Zwillingsgötter in der Natur handeln, vom Anfang und Ende, vom Leben und Tod, vom Erwachen und Schlaf usw.
- Außerdem gibt es in der zweiten Schicht die Ziegel der „verfliegenden Lebensspanne".

So existiert eine Anzahl von Ziegelarten, die im Ritual des Mauerns verwendet werden. Bei den Ziegelformen ragen zwei besonders heraus:
- zum einen der vollkommene Würfel (*Isha*),
- zum anderen der im richtigen Verhältnis stehende Ziegel (*Urja*).

Der *Isha*-Ziegel ist der Quaderstein der *vedischen* Rituale. Er hat eine Seitenlänge von 12 Zoll entsprechend den zwölf Monaten des Jahres.

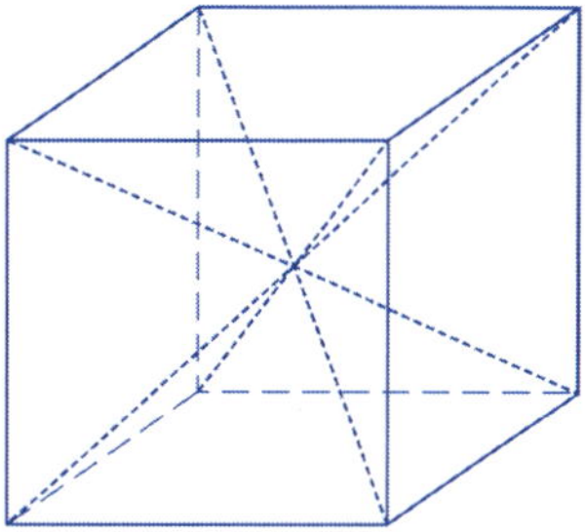

Jede Ecke des Würfels besteht aus drei Seiten von je 12 Zoll. Die Gesamtlänge setzt sich aus 3 x 12 = 36 zusammen, was den 36 Unterteilungen des Jahres entspricht, die je zehn Tage umfassen.

Die zehn Tage bezeichnen die zehn Finger des Wachstums des kosmischen *Purusha* (seine zehn Finger an beiden Händen). Sie entsprechen den 36 um die Halle aufgestellten Diakonen in einem der ägyptischen Rituale, deren Symbolik bis zu den Tagen Griechenlands in den 36 Dekanaten des Horoskops verborgen war. In den Ritualen der Ägypter und auch in einigen der *vedischen* Rituale umgeben die 36 Diakone zur Zeit der Initiation den Kandidaten mit gezückten Schwertern. Wie wir vorher gesehen haben, enthält der Würfel acht Ecken mit je drei rechten Winkeln, wobei die Gesamtzahl der rechten Winkel 24 ist, was den Silben im *Gâyatrî*-Versmaß, den Lunationen im lunaren Jahr und den Stunden an einem Tag entspricht. In einigen Ritualen wird dieser Ziegel in sechs Pyramiden unterteilt und zusammengesetzt, die mit ihren Spitzen einander gegenüberstehen und um einen Punkt angeordnet sind. Aus diesem Grund enthält dieser Ziegel die Symbolik des Dreiecks (der Seite der Pyramide), des Quadrats (der Basis der Pyramide oder der Seite des Würfels), des Punktes (der Spitze jeder Pyramide), der geraden Linie (der Linie der Pyramide) und des Würfels. Das mit diesem Würfel als Mauern durchgeführte Ritual wird die „Erfüllung" (*Ishti*) genannt. Der Sanskritbegriff *Ishtaka*, der einen Ziegel bezeichnet, ist aus dieser Tradition abgeleitet.

Der im richtigen Verhältnis stehende Ziegel wird der „Trick vom Einrichten in Stärke" (*Urja*) genannt. Er ist ein Kubus mit Länge, Breite und Höhe im Verhältnis von 4 zu 3 zu 2. Die Zahl 432 bildet einen Hauptschlüssel, um Zeit in verschiedene Zeitalter zu unterteilen, welche die Abschnitte der ätherischen, geologischen, biologischen und historischen Perioden dieser Erde markieren.

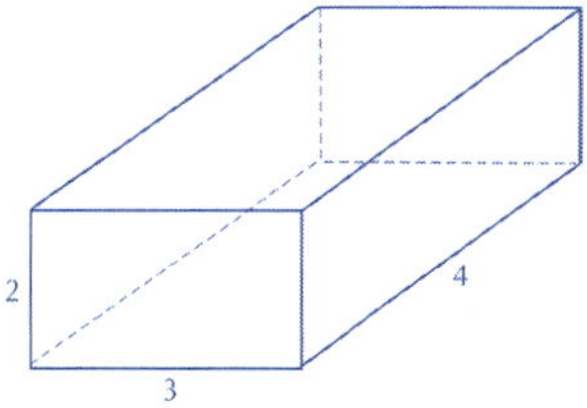

In fast allen Weltschriften findet man diese Zahl zur Einteilung der Zeit in Zeitalter. Zum Beispiel verwenden die *Purânen* diese Zahl mit einigen Nullen zur Einteilung der vier Zeitalter eines *Mahâ Yugas,* das einen Teil vom Tag *Brahmâs* bildet.

Dekade	*Yuga*	Jahre
•	*Kali*	432 000
• •	*Dwâpara*	864 000
• • •	*Tretâ*	1 296 000
• • • •	*Krita*	1 728 000
∑ 10	*Mahâ*	4 320 000

- Das *Kali*-Zeitalter beträgt 432 000 Jahre;
- das *Dwâpara*-Zeitalter beträgt 2 x 432 000 Jahre;

- das *Tretâ*-Zeitalter beträgt 3 x 432 000 Jahre;
- das *Krita*-Zeitalter 4 x die Länge des *Kali*-Zeitalters von 432 000 Jahren.

Alle vier *Yugas* zusammen bilden das große *Mahâ-Yuga*-Zeitalter in 4 + 3 + 2 + 1 = 10 Einheiten des *Kali*-Zeitalters und daher 4 320 000 sterbliche Jahre. Es gibt verschiedene Arten von ritualistischem und spekulativem Gebrauch der Zahlen 4, 3, 2. Doch dieses Thema allein kann Bände füllen.

Die Gründer der verschiedenen Religionen und Entdecker der verschiedenen spirituellen und ritualistischen Schulen werden bildlich die „Maurer des Universums" genannt. „Einen Ziegel schleifen" ist der Ausdruck, der gebraucht wird, um das stille spirituelle Wachstum eines Kandidaten zu bezeichnen, der die Unebenheiten und Kanten der eigenen Persönlichkeit abschleift. Von jedem Ritualisten wird erwartet, dass er seinem eigenen Ziegel den letzten Schliff gibt, auch wenn der Ziegel sich in seiner Gestalt von den anderen unterscheidet, die zum Bau des Tempels der Schöpfung verwendet werden. Daher wird von jedem Ritualisten erwartet, dass er der

Form und Größe seines Ziegels seinen eigenen Grundton der Tugend aufprägt, und er kann sicher sein, dass sein Ziegel auch eines Tages von dem Meisterbauherrn benötigt wird, um das Gebäude zu vollenden, obwohl er in den ersten Stadien viele Male zurückgewiesen wurde.

Der Vorgang, ein Gebäude oder ein Ritualgelände zu errichten, enthält ebenso viel Symbolik, die es zu enthüllen gilt. Zunächst muss das Land dem Engel des Rituals geweiht und in der rechten und alten Weise abgesteckt werden. Dann muss der Ritualist das Land selbst umpflügen und dabei heiligende *Mantren* singen, um den Engel des Pfluges, des Bullen und der Erde anzurufen. In diesen *Mantren* wird die Erde mit einer Kuh und der Bulle mit dem Jahressonnengott verglichen, der die Erde mit seiner männlichen solaren Energie befruchtet. Das sich entfaltende Ritual wird mit dem männlichen Kalb verglichen, das den Aspekt des Menschen in der Schöpfung darstellt. Dies ist eine sehr tiefe und umfassende Symbolik, über die man viel meditieren sollte. Es heißt, dass ein lunarer König namens *Kuru* eine Parzelle Raum gepflügt hat, um die gesamte Schöpfung zu kultivieren, und daher wird die Parzelle seither *Kurukshetra*, „*Kuru*'s Feld" genannt. Von den Verfassern der *Purânen* wurde dieser Name entliehen, denn die Geschichte des *Mahâbhârata* spielt sich auf dem *Kurukshetra* ab. Es wird als das Feld des Gesetzes (der Existenz) beschrieben: „Dieser Körper wird wahrhaftig das zu kultivierende Feld genannt", sagt Lord *Krishna* in der *Bhagavad Gîtâ*, während er das Ritual auf die mikrokosmische Ebene anwendet. Nach dem Umpflügen des Feldes werden die Steine und Disteln beseitigt und der Boden mit einer Richtschnur (dem Gefühl von Gleichheit im Menschen, auf dessen Grundlage sich zwei Ritualisten einander begegnen sollten) ausgeglichen. In der Mitte des Feldes werden sieben Punkte in drei horizontalen Reihen angebracht, zwei Punkte in der oberen Reihe, drei Punkte in der mittleren Reihe und zwei Punkte in der unteren Reihe.

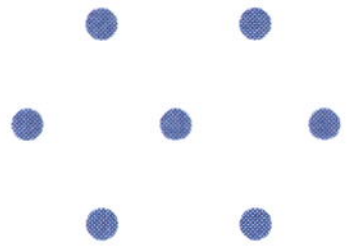

Von den *vedischen* Ritualisten wird diese Figur der große ritualistische Vogel *Suparna* genannt, welcher der Große Adler der modernen Ritualisten ist. Die zwei Linien oben stellen den Kopf dar, die drei Linien in der Mitte den Körper und die zwei Linien unten den gespreizten Schwanz des Vogels. Die gleiche Figur wird als das Symbol des Menschen verehrt, der auf zwei entgegengesetzten Dreiecken steht, mit horizontal ausgebreiteten Armen, die den Osten und Westen darstellen und mit dem Meridian und dem Nadir ein Kreuz bilden. Manche Ritualisten stellen sich die Figur als eine Axt vor, um die Zweige des Baums, die im Ritual verwendet werden, abzuschlagen. Das Symbol der Axt findet sich auf sämtlichen Ziegeln der ägyptischen Ritualisten. Danach folgt um diese Figur herum die Errichtung des gesamten Ritualgeländes, wobei sich der Kopf des Rituals am Feuerplatz im Osten befindet.

Der aus Stein und Mörtel erbaute Tempel der späteren Hindus stellt das *vedische* Ritualgelände mit gewissen zusätzlichen Veränderungen dar. Der Haupteingang zeigt entweder nach Osten oder nach Norden und darüber befindet sich ein spitz zulaufender Turm mit sieben Stockwerken. Direkt hinter dem Eingang verläuft der Pfad um die verschiedenen Einfassungen des inneren Tempels herum und führt wieder zum gleichen Platz zurück, wo die vertikale Säule aufgerichtet ist. Auf der Säule befindet sich das Emblem des Großen Adlers. Es symbolisiert, dass der Mensch sich durch die Aktivität der Wirbelsäule von den unteren Ebenen zur Ebene des Adlers erhebt. Nachdem diese erste symbolische Reise des Menschen beendet ist, wird der Schüler (Devotee), der in den Tempel eintritt, zunächst gebeten, herumzugehen und zur Adlersäule zu kommen. Die Säule besteht aus verschiedenen Septen (Scheidewänden), deren Anzahl festgelegt ist. Sie stellen den Bau der Wirbelsäule im Menschen dar. Dann wird ihm erlaubt, durch das zweite Tor einzutreten, das in die Haupthalle hineinführt. Danach muss er wieder herumgehen, um seine zweite symbolische Reise zu durchlaufen. Anschließend betritt er das dritte Tor, das in die innere Kammer führt, welche das Allerheiligste der späteren Hindus ist. Darin ist das Standbild Gottes in der erforderlichen Weise aufgestellt. Auch hier muss der Schüler um das Standbild herumgehen, um seiner dritten symbolischen Reise Genüge zu tun. Dann verneigt er sich vor dem Gott.

Dieser Tempel aus Stein und Mörtel ist nur eine exoterische Darstellung der Opferhalle der *vedischen* Rituale. Die inneren und äußeren Hallen haben nur ein Tor für den Eingang und Ausgang, während die anderen Seiten geschlossen sind. Dies trifft für die Tempel aller Religionen der Welt zu. Ausführlich wurde die gesamte Symbolik von H. P. Blavatsky in der GEHEIMLEHRE unter der Überschrift „Das Allerheiligste" besprochen und bekannt gemacht. In den *Šiva* geweihten Tempeln sind ebenfalls die Tierkreiszeichen einbezogen. Nach der vertikalen Säule und vor dem zweiten Tor ist das Standbild vom Stier aufgestellt, der zur inneren Kammer schaut. Vom Jünger wird erwartet, dass er zum Schwanz des Stiers geht und durch die zwei Hörner des Stiers einen ersten Blick in den inneren Raum wirft. In meinem Buch SPIRITUELLE ASTROLOGIE wurde die Bedeutung im Kapitel über den Stier ausgeführt.

Die Tempel der späteren Hindus sind dem männlichen und dem weiblichen Aspekt Gottes separat geweiht. In der Tempelverehrung des weiblichen Gottes wird dieser Aspekt „Kraft" (*Šakti*) genannt. Viele westliche Orientalisten wundern sich, wieso Kraft im weiblichen Aspekt dargestellt ist. Die Wahrheit ist, dass die *vedische* und die *purânische* Tradition an der Meinung festhält, dass Kraft weiblich ist, während Stärke männlich ist. Kraft erfordert einen Meister, der sie in ihrem mechanischen wie auch spirituellen Aspekt lenkt. Diese Abhängigkeit der Kraft von der Stärke macht den Aspekt weiblich.

In den *Veden* wird die Kraft des Wortes oder der Äußerung auch *Devi* und *Saraswathî* genannt, während das Wort selbst die Rolle *Brahmâs* annimmt. Das eine ist nicht vollständig ohne das andere, und die beiden bilden die Gegenstücke des einen Ganzen. Aus diesem Grund erfordern fast alle *vedischen* und *purânischen* Rituale die Anwesenheit einer Frau, um das Licht des Rituals zu manifestieren und zu verstärken. Im mystischen Sinn werden diese beiden Aspekte entsprechend der Numerologie des Schöpfungsrituals von H. P. Blavatsky in der GEHEIMLEHRE auf folgende Weise erklärt:

Die Zahl des Mannes ist 9 und die Zahl der Frau ist 10. Auf der physischen Ebene hat der Mann ebenfalls 9 und die Frau 10 funktionelle Öffnungen. Im spirituellen wie im phallischen Sinn ist 9 + 10 = 19, und diese Zahl stellt das Rad der Schöpfung dar. Die zwei Ziffern 1 und 9 in der zusammengesetzten Zahl 19 ergeben wiederum als Quersumme die Zahl 10. Es ist die Zahl der Macht, um die 1, Gott zu zeugen, der sich in die 9 numerischen Potenzen vervielfältigt. Dieser Aspekt der Wahrheit ist höchst symbolisch und erfordert tiefes spirituelles Nachdenken, um sich die Bedeutung des Hintergrunds zu vergegenwärtigen.

In fast allen Ritualen der Welt hat das Tempelbauen die gleiche Bedeutung. Das Buch LEVITIKUS in der christlichen Bibel schildert den Bau des vorchristlichen hebräischen Tempels als eine Abwandlung des ägyptischen Tempels. Das Buch SALOMO im Alten Testament wiederum schildert alle Einzelheiten vom Bau eines vergleichsweise späteren Modells des Tempels. Diese beiden Tempel verbergen die Weisheit, dass der moralische und spirituelle Aufbau des Menschen in Stille zu erfolgen hat, ohne das Geräusch eines einzigen Hammers.

Die Tempelrituale der verschiedenen Jahrhunderte und Religionen haben ihren esoterischen und exoterischen Aspekt. Der esoterische Aspekt entspricht der Entwicklung der inneren

Seite des Menschen; er betrifft die Läuterung der menschlichen Emotionen, der Neuordnung der mentalen und psychischen Anlagen und der Neutralisierung der sich gegenseitig bekämpfenden Kräfte im Menschen. Er betrifft auch das Sakrament, die Gegenwart des allgegenwärtigen Lichtes im Menschen anzurufen. Das Leuchten des persönlichen und individuellen Bewusstseins im Menschen verblasst allmählich durch die Gegenwart des universalen Bewusstseins im Menschen, und der gesamte Mechanismus des inneren Menschen wird von dem neuen Licht erhellt. Von da an lebt der Mensch als Sachwalter von Gottes Eigentum. Diese Verwandlung wird zutreffend als das Ritual vom „Überschreiten des Todes" bezeichnet. Der erste Schritt der stoischen Tempelrituale ist die Schulung der äußeren Schicht des menschlichen Denkvermögens, der impulsiven Natur des Menschen. Der Bereich der Impulse, Reflexe und Instinkte muss reguliert werden, und während der ersten Schritte erfordert es vom Schüler des Ritualismus eine Routine mit vielen Details. Die Details halten das Denken beschäftigt, damit die Impulse reguliert werden können. Genaue Zeiten für den

Besuch des Ritualtempels einzuhalten lassen sein Denken zeitbewusst werden. Allmählich passt er diese Zeiten seinen eigenen Zeiteinteilungen an und vermeidet unwesentliche Dinge, die manchmal Versuchungen und Verpflichtungen mit sich bringen. Auch geringere Konflikte im Denken des Schülers werden von seiner erwachten Willenskraft gelöst. Das ist der Grund, weshalb die orthodoxe Schule einer jeden Religion auf Tempeldienst und Verehrung besteht.

Jede Art der Umgebung hat eine bestimmte Wirkung auf das unterbewusste Denken des Menschen und mag zu seinem bewussten Denken durchdringen oder auch nicht. Die Form eines Raums und die Anordnung der Möbel im Raum zusammen mit den vielen kleinen Einzelheiten haben ganz gewiss einen Einfluss auf das Denkvermögen der Person, die in dem Raum lebt. Darüber hinaus wird der Farbsinn des Menschen durch die verschiedenfarbigen Gegenstände in seinem Zimmer angeregt. Auch die Anzahl der Personen und Sachen in dem Raum beeinflussen das Denken. All diese Eindrücke prägen seine Persönlichkeit. Die Anzahl von Personen, die in einer Familie zusammenleben, wirkt sich auf das Denkvermögen jedes Familienmitglieds aus, so dass ein fortgeschrittener Schüler des Psychismus durch eine anwesende Person die Anzahl seiner Familienmitglieder erspüren kann. All diese Faktoren werden beim Ritual des Tempelbaus in Betracht gezogen, und die Einzelheiten des Rituals werden so angeordnet, dass maximaler Nutzen aus all den oben erwähnten Faktoren zum spirituellen Segen des Ritualisten gezogen werden kann.

Die Regel, dass eine ungerade Zahl von Personen in einem Meditationstempel anwesend sein sollte, gehört zu den wichtigsten Regeln eines Rituals. Der Grund für diese Regel ist, dass der göttliche Funke in jedem Menschen nur einer ist (die erste und letzte ungerade Zahl in der Unendlichkeit) und es wirkt sich günstig aus, wenn eine ungerade Zahl von Personen anwesend ist. Durch eine Haltung und einen Geist des Heilens und Opferns kann die Wirkung der Umgebung auf die fünf Sinne des Menschen in einem Tempel richtig genutzt werden. Die Sinnesgegenstände existieren im Menschen als Assoziationen, um die Sinne zu veranlassen, sich in die objektive Welt oder die Umgebung zu projizieren. Daher existieren für einen esoterischen Ritualisten die verschiedenen Teile des Tempels in ihm als neu angeordnete Assoziationen.

Bevor ein Durchschnittsmensch eine spirituelle Schulung durchläuft, sollte der ganze Tempel erbaut sein, damit er als eine neu geordnete Umgebung genutzt werden kann. Der Tempelbau dient zuerst dazu, sein Denkvermögen durch das Auge und die Musik der Gebete durch das Ohr zu beeindrucken. Der Bau, Steine und Mörtel bringen das Formbewusstsein in seinem Denkvermögen in die erforderliche Ordnung oder Symmetrie. Nach und nach hinterlässt der physische Tempel der Umgebung seine vollständige Prägung im Denkvermögen, wenn der mentale Tempel sich in ihm zu entfalten beginnt. Daher führt der Pfad von der Architektur zum Architekten im Menschen. Der verpflichtete Lehrling fühlt allmählich die Gegenwart des Bauherrnbewusstseins als eigener Architekt in sich. Auf diese Weise weiht der objektive Tempel den durchschnittlichen Anhänger in den Vorgang ein, den subjektiven Tempel zu erbauen. In Bezug auf die Gestalt des Tempels geschieht dies nicht nur durch das Auge, sondern auch durch das Ohr über die Musik des Gebets, die Anrufungen und das Anstimmen, die den Geist zu einer geregelten, bedeutungsvollen Tätigkeit anregt. Dieser kann durch Räucherstäbchen über den Geruchssinn und über die Zunge durch den Geschmack der spirituellen Nahrung angeregt werden, nachdem sie als Opfer im Ritual dargebracht wurde. Auch der Tastsinn wird durch die verschiedenen ätherischen und astralen Strömungen genutzt, die durch die in geregelter Ordnung durchgeführte Teamarbeit des Ritualisten hervorgerufen werden. So werden alle fünf Sinne des Menschen in rechter Weise genutzt, um mit Hilfe des äußeren Tempels den inneren zu erbauen.

Folglich entwickelt der Schüler ein höheres Bewusstsein, das durch die fünf Sinne arbeitet. Das neu erweckte und geordnete Bewusstsein erleuchtet den inneren Tempel und sein Wirken. Es enthüllt mehr und mehr die Geheimnisse der fünf Sinne und ihres Zwecks, und im Denken des Ritualisten tauchen unbekannte Wahrheiten über bekannte Dinge auf.

- Das universale Bewusstsein, das überall gegenwärtig ist, beginnt mit ihm zu sprechen;

- das Bewusstsein, welches die Oberfläche von Flüssigkeiten vollkommen horizontal hält;
- das Bewusstsein, welches herabhängende Objekte vollkommen vertikal hält;
- das Bewusstsein, welches das Kreuz der vier rechten Winkel errichtet, wo die Vertikalen und die Horizontalen der Schöpfung sich treffen –

all diese immanenten Wahrheiten offenbaren ihre Existenz und ihren Einfluss auf den gesamten Bau des Universums.

Mit anderen Worten, das Bauwerk offenbart die verschiedenen Bereiche der Zeichen in der Schöpfung, wodurch der Ritualist nicht länger nur den Bau betrachtet, sondern zu einem Handwerker wird, der mit den Werkzeugen der Waagerechten (den Flüssigkeiten), des Lots (der Vertikalen) und des Quadrats (❑/des rechten Winkels) arbeitet, das den vierten Teil des Kreuzes innerhalb des Kreises bildet. Er versteht die Geometrie des Globus, auf dem er lebt. Alle Wissenschaften und Künste finden in ihm ihren rechten Platz. Recht und Gesetzgebung haben für ihn eine neue Bedeutung, die Bedeutung selbstauferlegter Disziplin. Diese zwei Stufen, die erste Stufe des Lehrlings und die zweite Stufe des Handwerkers, werden den Ritualisten direkt in die innere Kammer des Tempels führen, in der er den Tod überschreitet. Später erfährt er den vorzeitigen Tod seiner Persönlichkeit, während der Suchende in ihm die Suche nach der Wahrheit fortsetzt, die in ihm als Eindruck des verschwundenen Vater-Bewusstseins ruht.

Die Tempelrituale der verschiedenen Rassen schließen gewisse Formen und Bildnisse verschiedener Lebewesen ein, um im Denken des Ritualisten eine erwünschte Wirkung hervorzurufen. Die realistischen und manchmal mythologischen Bildnisse von Menschen und verschiedenen Tieren dürfen nicht als Idolatrie (Abgötterei) verurteilt werden. Idolatrie ist nicht falsch, solange sie dazu dient, durch ihre systematische Wirkung im Denken der Menschen die erforderliche Wirkung hervorzurufen.

Auf der physischen und mentalen Ebene lebt der Mensch in der Welt der Abbilder. Er trifft andere Leute, grüßt sie und interagiert mit ihnen nur mit Hilfe des physischen Körpers, der ein Abbild der inneren Gottheit der Existenz ist. Bei einem ungeschulten Menschen verursachen diese Abbilder verschiedene Gedankenformen im Denken und führen ihn in ein Labyrinth von Gedanken und Emotionen. Diese binden ihn an die weltliche Ebene, erzeugen neues *Karma,* das durch die Verknüpfungen des vergangenen *Karmas* stimuliert wird. Die Schulung des Tempelrituals verursacht einen Wandel in der Einstellung, so dass der Ritualist diese Abbilder als die unterschiedlichen Symbole der einen Wahrheit erkennt, nämlich die Existenz des einen Lichtes in allem. Über eine reine Abstraktion ohne jegliche Form zu meditieren ist für einen Menschen völlig unmöglich, solange er in einem physischen Körper ist. Die Tempelbildnisse dienen dem Zweck, die bereits im Denkvermögen existierenden Gedanken über verschiedene Personen und andere Lebewesen auf dieser Erde zu heiligen.

Wenn ein Abbild Gottesbewusstsein im Menschen wecken kann, ist die Verehrung von Idolen nicht falsch. Die unterschiedlichen Formen der Lebewesen in dieser Schöpfung sind dazu da, das Denkvermögen zu schulen, um die verschiedenen Ebenen zu überschreiten. Sie gehören zur künstlerischen Seite der Schöpfung. Die Tatsache, dass die verschiedenen Rassen der Menschheit

Jahrhunderte hindurch die unterschiedlichsten Kunstformen erfunden haben, beweist, dass Kunst und Schönheit notwendige Ergänzungen der ritualistischen Seite der Schöpfung sind, um den Menschen von den untermenschlichen zu den göttlichen Ebenen zu erheben. All die schönen Künste der alten Rassen und Nationen waren unweigerlich der Gottesverehrung und dem Tempeldienst geweiht. Anstandsgefühl und Schönheitsbegriff sind die beiden dem Menschen von Gott gegebenen Gaben, und sie dienen seit Jahrhunderten als Quelle der edelsten Erfindungen und Entdeckungen des Menschen.

Das Leben existiert als Schwingung, und Sympathie ist der Grundton des Lebens. Ein gesunder Mensch begegnet einem lächelnden Gesicht mit einem Lächeln und einem grimmigen Gesicht mit einem grimmigen Gesichtsausdruck. Das Leben in ihm versucht, sich auf gleicher Ebene mit der anderen Person zu begegnen. Alle schönen Züge eines menschlichen Gesichts kommen im Denken eines Bildhauers zu einer kreativen Synthese. Wenn das Ganze dann als ein schönes und erhaben lächelndes Gesicht eines Bildnisses zum Ausdruck kommt, steht das Bildnis wahrhaftig als ein Bild Gottes da und kann ein ebenso machtvolles Gottesbild im Denken des Verehrers, der das Bild ehrfürchtig betrachtet, hervorrufen. Aus diesem Grund wurden in den alten hinduistischen, ägyptischen und griechischen Tempeln Bilder aufgestellt. Die Bildnisse in einigen Tempeln, die verschiedene Tiere wie den Löwen, den Elefanten, das Pferd und den Stier darstellen, dienen dem gleichen Zweck wie die Tiere in den Opferritualen des *vedischen* Systems und verschiedenen anderen Ritualorden der Welt. Manchmal stellen sie die Tierkreiszeichen dar, bisweilen die verschiedenen Evolutionsstufen im Menschen, die geheiligt oder transzendiert werden müssen.

Ebenso gibt es zusammengesetzte Symbole in Form von Bildern mit menschlichen Körpern und Tierköpfen. Sie stellen die personifizierten und veredelten Emotionen dar, die für höhere Zwecke in der Schöpfung gedacht sind. Götter mit dem Kopf eines Elefanten (*Ganapati*), eines Löwen (*Narasimha*), eines Affen (*Hanumân*), eines Pferdes (*Hayagrîva*) usw. sind in den Hindu-Tempeln üblich. Die ägyptischen, griechischen, babylonischen und assyrischen Tempel enthalten auch in Hülle und Fülle solche Gottessymbole. Bei einem durchschnittlichen Menschen, der im Tempel betet, rufen sie durch eine mystifizierende Aktivität des Denkens Verehrung und Hingabe hervor. Einem geschulten Ritualisten des inneren Tempels dienen sie als archetypische Symbole sowie als Tierkreissymbole der Schöpfung. Beispielsweise wird die Göttin *Durgâ* in den hinduistischen Tempeln bildlich auf einem Löwen reitend dargestellt. Dies steht für die Aktivität des Zeichens Jungfrau und des vorangehenden Zeichens Löwe, wenn die Richtung des Rades umgekehrt wird. Der löwenköpfige Gott repräsentiert die Aktivität der zwei Zeichen Löwe und Wassermann.

Für einen wahren Ritualisten stellt der physische Tempel aus Stein und Mörtel den Glanz der physischen Schöpfungsebene dar – mit ihrer Einheit als dem Gesetz der Existenz und ihrem Ursprung, die als Gedankenform auf der Tafel der subtileren Ebenen der Materie verborgen ist. Somit ist das äußere Tempelritual nur ein Ausdruck der Aktivität des inneren Tempels. Der Tempel auf der physischen Ebene gibt dem Denken eines durchschnittlichen Verehrers die vorbereitende Schulung, um ihn durch den Eingang seiner Subjektivität (des inneren Wächters) zu den wahren Tempelritualen zu führen. Die verschiedenen *vedischen* Rituale repräsentieren den ganzen Vorgang einschließlich der vorbereitenden Stufen.

Es gibt eine gewisse Stufe, die die Vollendung der individuellen spirituellen Entwicklung des Menschen kennzeichnet. Ihr folgt die Ausdehnung des Menschen in die äußere Welt, um etwas zu suchen, über das er sich nicht im Klaren ist. Dann wird er mit einem Pilger verglichen. Die zweite Phase seiner Entwicklung wird deshalb im Ritual als eine Pilgerreise (*Adhwara*) dargestellt. In der Tradition der *vedischen* Seher wird vom Schüler erwartet, dass er nach Beendigung seiner Schulung zu Füßen seines *Gurus* die Einsiedelei verlässt, um weite Strecken zu Fuß zu reisen und dabei von Almosen zu leben. Auf dieser Reise trifft er so viele große Leute und ist Zeuge so vieler Wunder in der Welt. Dies geschieht jedoch im Äußeren, wobei die Seele des Menschen die Rolle des spirituellen Pilgers spielt, der nach etwas sucht, was er nicht kennt, etwas, was in ihm diesen Drang auslöst. Bei den modernen Ritualen bedeutet dieses Stadium „die Reise nach Jerusalem".

Zu diesem Zeitpunkt wird vom Ritualisten angenommen, dass er einen Tempel erbaut hat und von Mitpilgern, die ebenfalls auf dem Weg nach Jerusalem sind, geleitet wird. Dies kennzeichnet das Stadium, wo der Mensch etwas in der äußeren Welt im Namen Gottes zu tun versucht, nachdem er die richtige Vorbereitung des inneren Menschen vollendet hat. Es ist ein Stadium im Leben des Menschen, der seine wirtschaftlichen, sozialen und beruflichen Tätigkeiten ritualisieren möchte. Von ihm wird erwartet, dass er einen Sinn für Dienen entdeckt, indem er seine Pflichten gegenüber seinem Meister, seinen Vorgesetzten, seinen Eltern, seiner Frau und seinen Kindern erfüllt. Es wird ebenfalls von ihm erwartet, dass er eine Gelegenheit findet, um mit seinem eigenen Geld, seiner Intelligenz und körperlichen Kraft zu dienen. Im exoterischen Tempeldienst wird diese Phase durch die Verteilung der geopferten Dinge an jene, die dem Ritual beiwohnen, dargestellt. Die Blumen, Räucherstäbchen, das heilige Wasser und die heilige Nahrung müssen an alle verteilt werden, die am Ritual teilnehmen, und dies schließt die Verteilung des ritualistischen Lichtes an die Mitmenschen mit ein.

Fasst man die gesamte Tätigkeit des esoterischen Ritualordens zusammen, so befasst sich das Ritual im ersten Stadium mit der individuellen Entwicklung des Ritualisten. Dies umschließt die Reinigung der emotionalen, intellektuellen und Intuitionsebenen des Menschen. Die Reinigung der physischen, ätherischen, astralen, mentalen und *buddhischen* Ebenen erstreckt sich ebenfalls über dieses Stadium. Es markiert die Vollendung des ersten Tempelbaus. Während des zweiten Stadiums gebraucht der Ritualist seine gereinigten und veredelten Eigenschaften für die Welt, mit der er durch Geburt, Heirat, Freundschaft und Beruf verbunden ist. Er wird geschult, Geschick im Dienst an seinen Mitmenschen zu erlangen, die zum oben erwähnten Kreis seiner Umgebung gehören. Dies kennzeichnet Beginn und Vollendung des zweiten Tempels.

Dann gibt es ein drittes Stadium, wo er den zweiten Tempel verlässt, um dem umfassenderen Tempel des Universalen Herrn zu dienen. Es wird von ihm erwartet, dass er all seine Bindungen abbricht und seine Beziehungen nur auf einen bestimmten Kreis von Mitmenschen festgelegt bleiben. Symbolisch wird ihm gelehrt, seine früheren ritualistischen Pflichten aufzugeben, um in das Ritual einzutreten, in welchem er sich an die Wesen des Universums vollkommen hingibt. Tatsächlich wird er zu einem Quell der Mutterkraft der Schöpfung.

In diesem Stadium stellt er den Pelikan dar, der seine sieben Jungen mit dem Blut seines eigenen Herzens nährt. Er kommt in den Welttempel hervor, um jedermann unterschiedslos zu dienen. Er ist weder Vater noch Sohn, weder Ehemann noch Ehefrau. Er hat keinen eigenen Wohnsitz, wo er sein Haupt verbergen kann. Sein Herz ist die von universaler Liebe duftende Rose, und er trägt das Kreuz (die Verantwortungen und Leiden) all seiner Mitmenschen. Sein ganzes Leben wird zu einer rituellen Schale, die mit seinem Blut als dem heiligen Wasser gefüllt ist, um den Durst der Lebenspilger zu stillen. Er wird eins mit dem Erlöser, der sein Blut als Wein und sein Herz als Brot an die leidende Menge austeilt.

In den *vedischen* Ritualen wird dieses Stadium von dem Ritus markiert, der das „heilige

Opfer des Menschen“ sowie die „All-Opfer“, die zuvor beschrieben wurden, genannt wird. Es umfasst zwei Stadien des sozialen Lebens:

1. das Leben in den Wäldern (*Vânaprastha*)
2. dort zu leben, wo immer man benötigt wird (*Sannyâsa*).

Der Eintritt in dieses Stadium wird gekennzeichnet durch die symbolische Zurückweisung, die vorherigen Rituale durchzuführen. Alle Seher des *vedischen* Pfades erlangten dieses Stadium, doch physisch verließen sie nie die Rituale. Da der ganze Vorgang symbolisch ist, ist auch das Verlassen symbolisch. Es bedeutet, dass das Mentale keinen Zugriff mehr auf ihn ausübt und er seine Haltung geändert hat. „Opfer, Darreichen, Buße und Pflicht dürfen nicht aufgegeben und müssen ewig durchgeführt werden. Sie sind die Reinigungsmittel der Weisen“, sagt Lord *Krishna* in der *Bhagavad Gîtâ.*

Für Ritualisten ist es zwingend erforderlich, das Gefühl der Errungenschaft aufzugeben, aber nicht das Ritual. Das Gleiche betrifft das Zurückweisen der Rituale durch Lord Buddha und Christus, denn die Lehren darüber sind nur für den inneren Kreis der Schüler da, die dieses Stadium erreicht haben. Lord *Krishna* sagte zu *Arjuna*: „Verlasse alle Gesetze und nimm Zuflucht in Mir.“ Christus sagte zu seinen Jüngern: „Verlasst all eure Leute und kommt zu Mir … Ich bin der Weg.“ All dies muss in seinem rechten Sinn verstanden werden. Niemals sind solche Lehren für die allgemeine Öffentlichkeit gedacht. Sie sind höchst irreführend für den Durchschnittsmenschen, der dann die Reinigungsprozesse der heiligen Orden nicht mehr befolgt. Es mag für viele sogenannte Christen der modernen Zeit leicht sein, die Bußübungen und Rituale des Alten Testamentes wegzulassen, doch die Träger des Menschen folgen in ihren biologischen, psychologischen und astralen Phänomenen ihrer eigenen Ordnung.

Diese dritte Ebene der Rituale markiert ein Verlassen der begrenzten Dienstbereiche, um in eine unbegrenzte Sphäre einzutreten. Sein Weltdienst ist wichtiger als sein Dienst zu Hause, im Beruf und im Tempel. Solch ein Stadium ist durch spezielle Tempelzeremonien der Hindu-Tempel gekennzeichnet, die bei bestimmten Anlässen unter Berücksichtigung astronomischer Phänomene durchgeführt werden. Dann wird das Tempelbild aus dem äußersten Tempeltor herausgetragen, um es einmal durch die Straßen zu führen, so dass alle Leute der Stadt sich vor ihm verneigen und es in aller Pracht verehren können. Bei den spekulativen Ritualen der modernen Ritualisten wird dieses dritte Stadium durch das Erreichen des höchsten Vollkommenheitsgrades dargestellt, der von der Treue und dem Dienst der Person abhängt. Mit diesem Grad ist keine besondere Ritualordnung verbunden. Blau, Rot und Weiss sind die Farben, welche die drei oben beschriebenen Entwicklungsstadien symbolisch kennzeichnen.

8. *Tantrische* und *âgamische* Rituale

Diese zwei Arten von Ritualen wurden von den Hindus vergleichsweise spät eingeführt. Der Begriff *Tantra* bedeutet Handwerkskunst und der Begriff *Âgama* eine heilige Ordnung. Später erst entstand eine ausführliche Literatur über diesen Zweig. Im Wesentlichen gehört dazu die Wissenschaft der Architektur, die dem Bau unterschiedlich angelegter exoterischer Tempel aus Stein und Mörtel dient. Die Rituale diese Art können in folgende Gruppen unterteilt werden:

a) Verehrungsrituale
b) Bußrituale
c) Heilrituale
d) Rituale, um etwas zu erreichen
e) Sühnerituale
f) *Yogische* Rituale

Diese Rituale schließen verschiedene *Mantren*, Anrufungen, Zauberformeln, Brandopfer und Verehrungen ein. Ausführlich wird die Tagesroutine für den Ritualisten beschrieben. Jeder Lehrer befolgt einen Zweig der obigen Rituale und weiht

Schüler in seinen Orden ein, und der Orden wird durch Generationen hindurch aufrechterhalten. Jeder Orden enthält notwendigerweise die Anrufung des höchsten Gottesbegriffs durch bestimmte vorgeschriebene Wesensmerkmale, damit diese das Denken des Schülers fesseln und es schulen, die Gottheit der Allgegenwart zu erfahren.

Die Verehrungsrituale ähneln im Wesentlichen jenen der Anrufung von *Agni* in den *vedischen* Ritualen. Mit der Reinigungsroutine beginnt das Ritual. Alle Dinge der Tagesroutine, angefangen mit dem Aufstehen am Morgen, sind in das Ritualprogramm mit einbezogen und sie heiligen die Tagesroutine. Das Bad wird ebenfalls mit Anrufungen an die Engel von Wasser, Luft, Feuer, Erde, Sonne und der kosmischen Ebene der *Devas* durchgeführt. Dann wird zuerst die Gegenwart der Gottheit in der Zirbeldrüse und der Hypophyse angerufen, indem das Brauenzentrum mit etwas Puder zum Markieren berührt wird (was von einigen Orientalisten fälschlich für das Kastenzeichen gehalten wird). Die Gegenwart der Gottheit wird mit einer Handvoll Wasser angerufen, das schlückchenweise getrunken wird, um die drei inneren Feuer des Menschen zu reinigen (das intellektuelle Feuer, das Verdauungsfeuer und das Zeugungsfeuer).

Die Sinnesorgane werden mit den Fingern berührt und die Gottheit darin angerufen. Beim *Prânâyâma*-Ritual atmet der Ritualist ein und aus und intoniert das *Mantram*: „Er ist ich und ich bin Er". Dann ruft der Ritualist den Raum und die Zeit an, in denen er sich aufhält, indem er die verschiedenen Einteilungen der Zeit und der geographischen Position der Erde beschreibt. Dann ruft er das *Mantram* des Lebens bei der zu verehrenden Gottheit an, die im Bild dargestellt ist. Der Ort wird gereinigt und die vier Ecken geheiligt, indem das Kreuz und das Quadrat beschrieben werden. Dann schmückt er das Bild mit wunderschönen Blumen und Räucherstäbchen und führt die Anbetung mit Anrufungshymnen durch. Mental stimmt er das *Mantram*, das zur Gottheit gehört, an und wiederholt es in einer bestimmten Anzahl. Anschließend bereitet er im Namen der Gottheit seine tägliche Nahrung mit besonderer Sorgfalt zu und bietet sie der Gottheit dar. Die ganze

Familie isst die so geheiligte Nahrung, und sie sollte nichts essen, das nicht durch Darbieten geheiligt ist. Selbst dann wird die Nahrung nicht als geheiligt angesehen, wenn sie nicht zunächst einem Gast angeboten wird, der als ein lebendes Bildnis der angerufenen Gottheit betrachtet wird. Das tägliche Leben wird so in seiner Gesamtheit ritualisiert, und langsam wird man geschult, als Ritualist zu leben.

Die Bußrituale werden als Gelegenheitsrituale betrachtet. Die ganze Routine entspricht der des Verehrungsrituals, nur dass sie aus Fasten oder flüssiger Nahrung besteht. Wann immer ein Ritualist die Regeln seiner Tagesroutine verletzt, wird von ihm erwartet, dass er die entsprechenden Bußrituale durchführt. Ebenfalls wird vorgeschrieben, bestimmte Kräuter und bestimmte Opferdinge als Almosen zu nutzen. Vorgeschrieben wird außerdem, heilige Plätze aufzusuchen und die Füße großer Menschen von spirituellem Glanz und Reinheit zu berühren. Diese Rituale sind im Wesentlichen dazu da, die Verknüpfungen schlechten *Karmas* zu neutralisieren.

Heilrituale bestehen gewöhnlich darin, *Mantren* in der Meditation zu singen und dem heiligen Feuer Heilpflanzen darzureichen. Verschiedene Gottheiten, insbesondere planetarische Engel, werden verehrt. Diese Rituale dienen dazu, unheilbare Krankheiten zu heilen und in der Umgebung lauernde Krankheiten abzuwehren. Das angerufene Bild in Kokosnusswasser, Milch, Joghurt und Fruchtsäften zu waschen, ist ebenfalls Teil dieses Rituals. Der Planet oder die Planeten, die im Horoskop angegriffen sind, werden angerufen, und Talismane aus Kräutern und Metallen, die den betroffenen Planeten entsprechen, werden dargebracht, um die üblen Auswirkungen abzuwenden.

Die Rituale, um etwas zu erreichen, dienen dazu, die okkulten Kräfte im Menschen anzurufen. Sie beruhen ebenfalls auf Verehrung, Meditation, *Prânâyâma* und dem Gebrauch von Kräutern. Diese Rituale sollen die Verbindungen des guten *Karmas* der Vergangenheit anregen und dem Ritualisten helfen, seinen Willen zu stärken, so dass er Kräfte erlangt. Nach Ansicht der alten Seher fallen diese Rituale nicht unter die wünschenswerte Kategorie von Ritualen.

Sühnerituale stehen in Verbindung mit den Bußritualen und werden verwendet, um den Ritualisten von der Sünde seines unreinen Verhaltens in Bezug auf Essen, Trinken und sozialen Werten zu befreien. Schlechtes Sprechen und schlechtes Denken erfordern ebenfalls diese Rituale, um sich zu berichtigen. Im Allgemeinen wiederholt der Ritualist für eine lange Zeit das *Gâyatrî-Mantram* und verteilt Gaben der Nächstenliebe, die im Namen Gottes dargebracht werden.

Der *yogische* Ritualtyp bildet den Hauptteil der *tantrischen* Literatur. Die vielen Arten von Verehrung, Gebet, Anrufung und die vorgeschriebene Disziplin befassen sich mit den verschiedenen Ansätzen, um einen Verehrer in der *yogischen* Richtung zu schulen. Die Kraft der *Kundalinî* im Menschen wird als die gleiche Kraft erkannt, die diese Welten tätig sein lässt. Diese Kraft wird als der weibliche Aspekt der Gottheit verherrlicht und mit vielen Ritualen und Liturgien verehrt. Sie wird als die Aura und die Herrlichkeit des einen Gottes der Allgegenwart betrachtet. Gott und die Kraft, welche die Welten durchdringen, werden als der Herr und seine Frau beschrieben. Im Menschen wird der Sitz von Gott als Schöpfer im Kopfzentrum lokalisiert, und im Menschen hat *Devi* latent ihren Sitz als *Kundalinî* im Basiszentrum (*Mûlâdhâra*). Sie wird als die aufgerollte Schlange (die potenzielle Energie) beschrieben, die durch das bewusste Bemühen des Menschen geweckt werden muss.

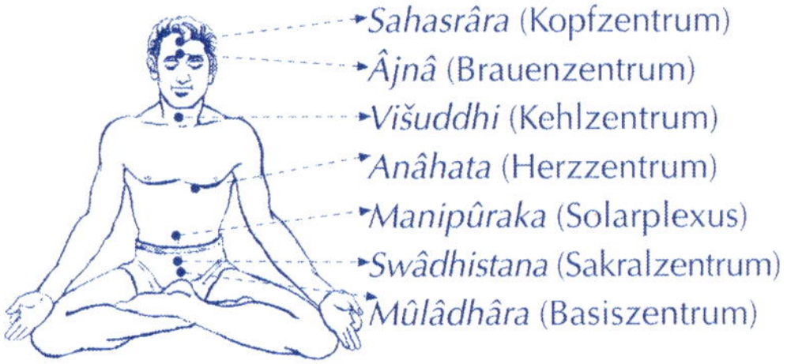

In der *tantrischen* Literatur bildet der ganze Pfad der *Kundalinî* vom *Mûlâdhâra* zum *Sahasrâra* den Hauptinhalt der Beschreibung der inneren Welten. Der im *Sahasrâra* wohnende Gott wird als absolut, ohne jegliche Attribute geschildert, und daher hat es für den Menschen keinen Zweck, sich ihm direkt zu nähern, denn der einzig mögliche Zugang geschieht durch die *Kundalinî*. Der Kraft kann man sich durch die verschiedenen Kräfte im Menschen nähern. Daher ist es die Pflicht des Menschen, den weiblichen Aspekt der Gottheit zu verehren, um sich dem männlichen Aspekt zu nähern (hier bezeichnen die Begriffe „männlich" und „weiblich" nur die absoluten und relativen Phasen des allgegenwärtigen Gottes).

Der Pfad zum höchsten Gott verläuft durch die Macht des Wortes. Dem Pfad zur Macht des Wortes kann man nur folgen, indem man dem Pfad der *Kundalinî* folgt. Die Annäherung der *Kundalinî* zum *Sahasrâra* vom *Mûlâdhâra* aus befähigt einen Menschen, dem höchsten schöpferischen Gott der ganzen Welt zu begegnen. In diesem Stadium transzendiert der Mensch alle persönlichen Ebenen der Existenz und kann als ein verwirklichter Funke Gottes leben. Die Vollendung und der Gipfel solch einer Verwirklichung liegen im letzten Schritt des *Yogis*, der das Prinzipienpaar (das in seinem *Sahasrâra* zusammengeführt wird) zurück zum Herzzentrum (*Anâhata*) bringt. Dort lebt er durch die Macht des universalen Liebe-Wille-Prinzips in der Gegenwart dieses Doppelprinzips des einen Gottes.

Die praktische Methode enthält viele *tantrische* Rituale, von denen einige zur objektiven Verehrung und andere zum subjektiven oder Meditationsaspekt gehören. Dieses *tantrische* Konzept von Gott ist keine spätere Erfindung, da es in den verschiedenen Anrufungshymnen der *Veden* vorkommt. Die Vorstellung von *Devi* als einer jungen Dame, als Quelle eines Flusses, als Ursprung des gesprochenen Wortes usw. findet sich in den Hymnen des *Rig-Veda*. Die Macht der Schöpfung, welche die gesamte Schöpfung aufrechterhält, ebenso wie der Wunsch, ein Wort zu äußern, das Entstehen des gesamten Wortes aufrechterhält, wird im *Rig-Veda* als das Konzept von *Saraswathî* beschrieben. Der dreifältige Aspekt dieser Macht des Wortes wird auch als die drei *Devis* bezeichnet – *Idâ*, *Saraswathî* und *Lakshmî*.

Genauer entwickelt finden wir diese Denkweise in der *tantrischen* Schule der Verehrung, die einen Teil der *yogischen* Praktiken des Menschen bildet. Tatsächlich befasst sich die *purânische* Symbolik mit dem dreifältigen Aspekt Gottes (dem erschaffenden, erhaltenden und vollendenden Aspekt), mit deren Kräften als ihren Frauen, die auf der Zunge existieren (als Aussprechen des Wortes), im Herzen (als Liebe, welche den Ausdruck durch die Ewigkeit hindurch erhält) und als eine Hälfte der Gottheit selbst. Die *purânische* Symbolik entspricht der *tantrischen* Symbolik des Doppelaspekts der dreifältigen Gottheit. *Gâyatrî* wird zuweilen als die höchste Gottheit in ihrem weiblichen Aspekt beschrieben. Dies geschieht an vielen Stellen der *vedischen* Lehre, weil die Gottheit die Gesamtsumme der Herrlichkeit und des Glanzes der ewig unsichtbaren oder spirituellen Sonne ist. Die sichtbare Sonne bildet nur einen Teil vom Glanz der *Gâyatrî*. Die *Purânen* und die *Tantras* weiteten diese Symbolik zu einer Welt von Allegorien und Ritualen aus.

Vom Ritualisten, der diesem Pfade folgt, wird erwartet, dass er den Glanz und die Schönheit der ganzen Schöpfung als den weiblichen Aspekt Gottes verehrt. In höchster Verehrung sollte er das Weibliche halten und selbst in seiner Ehefrau der Mutterschaft der Frau gedenken. Die ritualistischen Praktiken der *Kali*-Verehrung enthalten die Schulung des Menschen, die Polarität des Geschlechts zu neutralisieren. Mit seiner eigener Kraft (was esoterisch die eigene Frau meint) sollte er mit der Übung beginnen. Man glaubt auch, dass der Mann in seinem Herzen eine Frau hat und die Frau in ihrem Herzen einen Mann. Dies bedeutet, dass Gott und die Kraft der

Welten einander durchdringen und der Mensch der Treffpunkt ist. Der Ritualist wird gebeten, in seiner rituellen Verehrung die edelsten Dinge der Welt zu verwenden und sich zu prüfen, ob er über Versuchung erhaben ist. Selbst Spirituosen spielen in einigen tantrischen Schulen eine Rolle. Natürlich gibt es viele gefährliche Abweichungen von der ursprünglichen Schule, und sie sind das Ergebnis der sinnesfreudigen und charakterschwachen Sklaven der Emotionen, welche eine Karikatur der *tantrischen* Schule mit ihrer zersetzenden Literatur schufen. Die ursprüngliche Schule der *Rishis* befasst sich mit der Verehrung der schönen Dinge in der Welt, um den Menschen zu schulen, die Polarität der Objektivität einschließlich des Sexualaspekts zu überwinden. In vielen Formen wird der Weg der *Kundalinî* vom *Mûlâdhâra* zum *Sahasrâra* als eine Pilgerreise dargestellt. Der Pfad wird als der Pfad der sieben Hügel beschrieben, der dem Körper der Schlange vom Schwanz bis zum Kopf gleicht. Die sieben Hügel sind die sechs *Chakren*, und das siebte ist *Sahasrâra*. Sogar in der modernen Zeit wird das ganze Ritual noch von exoterischen Pilgern als eine Reise zu einem heiligen

Ort durchgeführt, der in Südindien hinter sieben Hügeln liegt. In vielen Teilen der Welt scheint diese Tradition zu bestehen. Rom wird die Stadt der sieben Hügel genannt. Hinter den von Menschen gemachten religiösen Unterschieden existiert die Wahrheit als eine Tradition durch Legenden und Symbole.

Alle die für das menschliche Bewusstsein wahrnehmbaren Farben und Klänge werden in der *tantrischen* Literatur entsprechend der Aktivität des Spektrums menschlichen Bewusstseins angeordnet. Die Anordnung geschieht nach den im Menschen wirkenden Bewusstseinsebenen, und jede Gruppe existiert als eine Potenz von gewissen Farb- und Klangeffekten in jedem der sechs *Chakren* des Menschen. Numerische Potenzen herrschen über den Farb- und Klangsinn im Menschen, und daher existieren in jedem *Chakra* die Farben und Klänge als bestimmte Zahlen. Die symbolische Beschreibung eines jeden *Chakras* mit der Zahl und Farbe der Blütenblätter und der meditativen Gestalt als einem Lotus mit Blütenblättern birgt die Geheimnisse der *yogischen* Entfaltung durch den *tantrischen* Pfad. Durch ein getreues Befolgen der ritualistischen *Tantra*-Praktiken werden die *Chakren* in der erforderlichen Weise stimuliert. Jedes *Chakra* entfaltet sich in geregelter Reihenfolge, so dass die Aktivität der *Chakren* in die Aktivität der Lotusse übergeht.

Während der ersten Vorbereitungsschritte erlebt der Kandidat vor dem Auge seines Denkvermögens gewisse Farben, über die er meditiert. Er hört auch bestimmte Klänge, die vom Denkvermögen durch die von den Ritualen hervorgerufene ätherische und astrale Aktivität wahrgenommen werden, was in ihm die Materie der entsprechenden Ebene neu ordnet. Nach und nach lokalisiert er jedes *Chakra* auf der vertikalen Linie, die um und in seiner Wirbelsäule existiert. Zunächst wird die Existenz eines *Chakras* als ein neuer Zugriff verspürt, der sich an einem bestimmten Punkt der Wirbelsäule bemerkbar macht. Allmählich wird dieser Zugriff intensiver und eine Pulsierung tritt ein, die eine neue Farb- und Klangerfahrung verursacht. Der Schüler kann dann die Aktivität eines jeden *Chakras* durch den Wechsel von Farben und Klängen wahrnehmen, die in dem rituellen Tempel seines eigenen subtileren Körpers als die farbigen Lichter und *Mantren* wirken. Selbst in den eigentlichen Tempeln, wo diese Rituale auf der physischen Ebene stattfinden, kann ein fortgeschrittener Schüler eine Veränderung im Grad des Rituals feststellen aufgrund einer Veränderung in der Farbe, die den ganzen inneren Tempel durchdringt. Das Bewusstsein des Ritualisten zeigt verschiedene Arten von Reaktion auf die objektive Welt, wenn er in verschiedenen *Chakren* lebt.

Ein Teil der Symbolik der *tantrischen* Rituale beschäftigt sich mit dem Ursprung des menschlichen Wortes und dem Entstehen der Klangverbindung zwischen dem Bewusstsein und dem Klang. Die Lehre besagt, dass bei der Äußerung eines Wortes der mentale Klang vor dem vokalen Klang existiert. Der Urgrund einer Äußerung lässt sich bis zur Stelle der *Kundalinî* am Basiszentrum zurückverfolgen. Dort existiert er als der Punkt des Bewusstseins mit seinem periodischen Entstehen und Vergehen. Dieses Phänomen ist wiederum ein Abbild des Entstehens und Vergehens eines Punkts im Raum, das einer Schöpfung zugrundeliegt. Das periodische Verschmelzen des Bewusstseins wird mit dem *Pralaya* verglichen und das Auftauchen mit dem Heraufdämmern der nächsten Schöpfung. Der Kreis mit dem Punkt in der Mitte wird als ein Emblem verehrt, das den Ritualisten in den gesamten Plan einweiht.

Die spekulativen Rituale des *Tantra,* die sich mit dem *Devi*-Aspekt der Schöpfung befassen, werden zusammengefasst *Šrî Vidya* oder die „Weisheit der Göttin" genannt. Entsprechend dieser Schule taucht der Punkt in drei Stadien auf, und zwar als Dämmerung an sich, das Hervorstrahlen als Objektivität und das Verstehen oder Selbstbewusstwerden. Um diese Stadien von Licht-Klang (Farb-Klang) darzustellen, wird der Ritualist gebeten, mit drei gleichmäßigen Schritten ins Licht zu treten. Das gleiche Vorgehen finden wir auch bei den modernen Ritualen. Vom Schüler wird dann erwartet, die Inspirationsquelle des Wortes in sich zu verspüren, von der nicht wahrnehmbaren subjektiven Ebene bis zum halbsubjektiven Schlummer der *Kundalinî* in seinem *Mûlâdhâra*. Von nun an geschieht das Aussprechen des Wortes durch sieben Ebenen. Sie werden die sieben Ebenen der Äußerung genannt, und diese Ebenen entsprechen der siebenfältigen Natur der menschlichen Existenz.

Die Pulsierung, d. h. *Prâna,* welche die Atmung beherrscht, wird durch ein bewusstes Ein- und Ausatmen der Luft, das als *Prânâyâma* bezeichnet wird, hervorgerufen. Dies verbindet das Bewusstsein mit dem sich von innen her entfaltenden Wort. Das sich entfaltende Bewusstsein und das Bewusstsein, das Erfahrungen durchläuft, treffen sich. Sie beide dienen als der Bewusstseinsfaden (*Sûtrâtma*), der vom Zentrum aus den Kreisumfang bildet, sowie die *Antahkarana,* die sich vom Kreisumfang zum Zentrum des Bewusstseins hin bewegt. Die sich identifizierende Natur im Menschen verliert sich in die Identität der Weltenmutter, und die Identität steigt in das Zentrum der Identifikation herab. Der Schüler hört fortan auf, sich als vom Rest der Welt verschieden zu identifizieren, während er seine Identität behält.

Für das Verstehen des Schülers gibt es bisher zwei Kreise und zwei Zentren. Der äußere Raum mit seinem Zentrum bildet einen Kreis. Der von seinem eigenen Horizont umgebene innere Mensch bildet den zweiten Kreis mit dem Zentrum in ihm selbst. Durch das ritualistische *Prânâyâma* wird sein Bewusstsein tief in die eine

Welt eingetaucht, so dass sich die „Zentren treffen“. Die individuelle Zeit dehnt sich zur universalen Zeit aus, und der Mensch hört auf, in Begriffen relativer Zeit zu existieren. Nur durch die Praxis des *Prânâyâma* und durch die vorgeschriebene Meditation über den Ursprung des Wortes wird dieser ganze Vorgang erreicht.

Ein *tantrischer* Text sagt:

„Aus dem Unmanifesten
tritt der Punkt hervor
aus dem Punkt der Existenz
tritt der Punkt des Strahlens hervor,
aus ihm der Punkt des Verstehens
– und aus dem dreifältigen einen Punkt
tritt der Inspirationsquell hervor,
– aus dem Inspirationsquell
kommen die Abweichungen und
– aus den Abweichungen wird das ganze Wort
als gegenwärtige Schöpfung
in die Existenz hervorgebracht.“

Die Dämmerung des Punktes ist die Dämmerung seines Kreisumfangs. Solange das Zentrum im Menschen existiert, bleibt der Kreisumfang für das Zentrum verhüllt. Vor und nach der Existenz des Zentrums war und wird es der „verborgene Kreisumfang“ sein. Solange der Schüler in dem einen Zentrum lebt und sein individuelles Zentrum benutzt, liegt sein individueller Horizont als verborgener Kreisumfang im Schoß der Mutterkraft. Auf diese Weise ergeben sich unendliche viele Spekulationen von höchst erhabener kosmologischer Bedeutung, verborgen in den *tantrischen* Ritualen, welche zu den *yogischen* Praktiken gehören.

Die in diesen rituellen Tempeln verwendeten Symbole enthalten im Wesentlichen folgende Figuren:

- den Kreis mit dem Mittelpunkt,

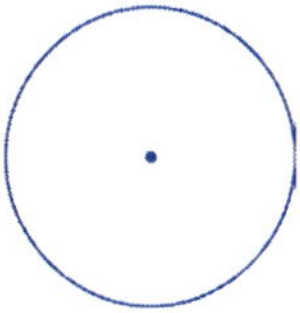

- den Kreis mit einem gleichseitigen Dreieck,

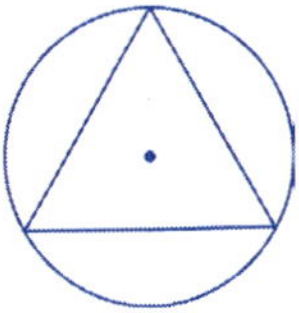

- den Kreis mit dem Doppeldreieck und dem Mittelpunkt,

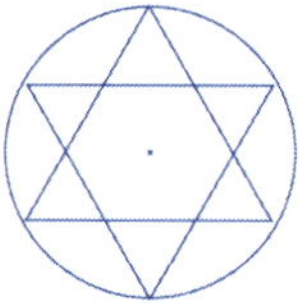

- den Kreis mit sieben Dreiecken und dem Mittelpunkt und

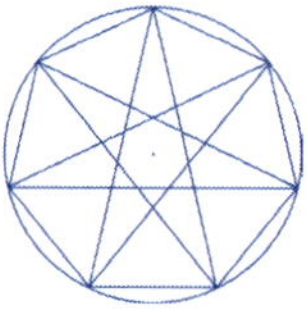

- schließlich die Figur von neun Dreiecken, fünf mit der Spitze nach oben und vier nach unten, von denen jedes seinen eigenen Kreis umschreibt, wobei sich die gesamte Figur in einem größeren Kreis befindet und dieser Kreis wiederum in einem Quadrat.

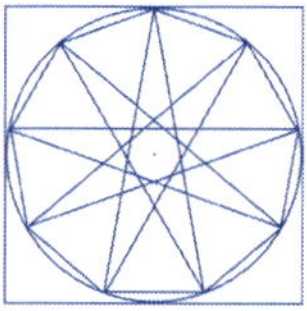

Dies bildet das vollständige Zeichenbrett der *Devi*-Rituale der *tantrischen* Schule. Es enthält die Symbole aller kosmischen, solaren, planetarischen und mikrokosmischen Phänomene. Beispielsweise berühren die neun Dreiecke den äußeren Kreis an 27 Stellen, wodurch 27 gleiche Bögen entstehen.

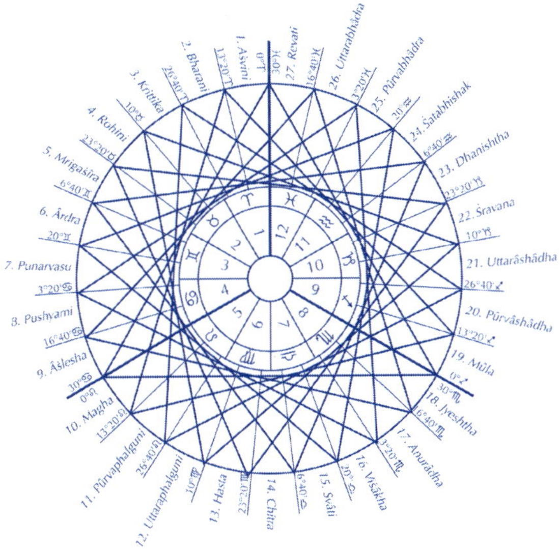

Diese Bögen stellen im Tierkreis die 27 Mondhäuser (*Nakshatras*) und ihre entsprechenden Phänomene im Körper der Frau dar, welche die Mutterkraft repräsentiert. Die Zyklen von Eisprung und Menstruation folgen den Zyklen der Mondhäuser, die vom Mond jeden Monat durchwandert werden. Dies ist nur ein einziges Beispiel für die Anwendung der Symbolik, die sich aus dem Zeichenbrett des *Šrî Chakra* ergibt.

Der Ritualist dieses Pfades muss viel in der äußeren Welt in Bezug auf Reinheit, Ausgeglichenheit und Nächstenliebe beachten. Die Entfaltung kommt von innen, doch im Ritual hängt viel von seinem Verhalten gegenüber seinen Mitmenschen ab.

Ein weiterer Aspekt der *âgamischen* und *tantrischen* Rituale bezieht sich auf die Verwendung dieser Rituale im Tempeldienst. Dies geschieht in größerem Umfang auf Versammlungen, und die Wirkung ähnelt jener der ägyptischen Tempelrituale und der Gemeindeversammlungen des christlichen Kirchenrituals. Das ganze Ritual besteht aus einem kultischen Pfad in einem Tempel, wo viele Leute sich versammeln und am Kult teilnehmen. Die ganze Gruppe singt *Mantren* und spricht Gebete, um die verborgene Gottheit im Denken aller anzurufen. Dadurch wächst die Gedankenform an und bewirkt ein

Herabströmen spirituellen Lichtes, das den ganzen Tempel durchdringt. Ein hellsichtiger Schüler kann den Fluss und seine Strömungsrichtung anhand von magnetischen Kraftlinien sehen. Das Gelingen des ganzen Rituals hängt ab von der Gruppenarbeit und dem Geist der Zusammenarbeit aller, die daran teilnehmen. Jeder, ohne Unterschied, kann das Ritual besuchen und sich am Segen der hervorgerufenen spirituellen Kraft erfreuen.

Das Bildnis der Gottheit in der inneren Kammer steht im Zentrum des ganzen Rituals, und der Vorgang des Rituals entspricht der täglichen heiligen Routine des Menschen. Es enthält die Punkte des Erwachens vom Schlaf, Baden, Schmücken, Empfangen der Gaben und des Segens derjenigen, die am Ritual teilnehmen. Jeder Teil des Vorgangs wird durch Anrufungen geheiligt. Die zum Zwecke der Verehrung und der Verteilung verwendeten Gegenstände dienen als Mittel zur Verbreitung des spirituellen Lichts. Räucherstäbchen und Kampfer verbreiten das segnende Licht über den Geruchssinn. Die frischen, grünen Zweige der heiligen und medizinisch bedeutsamen Pflanze Oscimum

(Basilikum), die ebenfalls bei der Verehrung Anwendung finden, werden anschließend an alle verteilt. Glocken läuten und Musik wird gespielt, um das Denken der Massen auf die ätherischen und astralen Ströme, die durch die spirituelle Kraft hervorgerufen und verstärkt werden, hinzulenken. Der ganze Vorgang wird das „Anrufen und die Verteilung von Gottes Licht" (*Archana*) genannt.

Ein unverzichtbarer Bestandteil dieses Versammlungsritual ist das Entzünden der heiligen Flamme und das Ritual des Feuerplatzes. Dies wird entsprechend dem *vedischen* Ritual der Feueranrufung durchgeführt. Die Verteilung des spirituellen Lichts, das durch solch einem Vorgang geschieht, schenkt vielfachen Segen, indem es nicht nur die Gesundheit verbessert und glückbringenden Schwingungen verstärkt, sondern auch das unruhige Denken zahlreicher Schüler (Devotees) besänftigt. Dies hat einen doppelten Nutzen: das individuelle Denken kommt zur Ruhe und Frieden legt sich auf die Gemeinde. Nach wenigen Minuten zu Beginn des Gottesdienstes ist jeder so aufgeladen, dass er positive Schwingungen ausstrahlt. Damit wirkt die ganze Gemeinde wie ein großes Kraftwerk. Die durch die Gegenwart lebendiger Seelen erzeugte Energie und die durch Induktion erzeugte spirituelle Ladung wird automatisch im Zentrum gesammelt, ohne dass jemand davon weiß. Das derart gesammelte Licht wird erneut zum Wohl der anwesenden Menschen verteilt.

Der gesamte Vorgang gleicht der Aktivität der Sonnenstrahlen, durch die Wasser aus Becken und Flüssen verdunstet, nur um Wolken zu bilden und zu denselben Becken und Flüssen als reines Wasser zurückzukehren. Die für den Gottesdienst mitgebrachten Gaben werden zusammengetragen und an alle gleichmäßig verteilt. Dies ist wiederum eine symbolische Darstellung des kosmischen Opfers. Das Ausmaß des erzeugten spirituellen Lichts hängt von der Ernsthaftigkeit und dem Geist der Hingabe bei den Anwesenden ab. In den Hindutempeln sind bei einer Verehrung durch eine Menschenmasse Blumen und Früchte unumgänglich, weil die Blume ein echtes Symbol des Fruchttragens und die Frucht das Symbol des Samentragens ist. Der Lebenszyklus eines Baumes ist eine getreue Darstellung der gesamten Schöpfung. Das angerufene Licht wird durch die Gegenwart von Blumen und Früchten als wahre Symbole der Schöpfung meisterhaft vervielfältigt. Auch der Duft bestimmter Blumen bewirkt eine schnellere Verteilung des Lichts.

In den Lord *Śiva* geweihten Tempelritualen ist die Verwendung von Asche aus dem Holz bestimmter heiliger Bäume weit verbreitet. Die Asche der verwendeten Pflanzenmaterie und das Wasser dienen als die besten Kondensatoren des so erzeugten Lichtes, und sie rufen selbst nach langer Zeit gute Gedankenströme und hypnotische Schwingungen hervor. Kokosnusswasser ist ebenfalls einer der besten Träger des schöpferischen spirituellen Lichts, das im Ritual erzeugt wird. Diese im großen Stil durchgeführten Versammlungsrituale dienen einem besseren Zweck als die in den geheimen Initiationstempeln durchgeführten esoterischen Rituale. Die höheren Rituale bezwecken, spirituelle Wesen auf individueller Ebene zu erschaffen, und die Gemeinderituale werden von den erschaffenen Geistwesen verwendet, um den Segen eines Rituals im großen Rahmen zu verteilen.

9. Vergleich von Ritual und Mysterium

Der Ursprung jeder Religion in der Welt kann auf den inneren Drang des Menschen zurückgeführt werden, etwas über die Schöpfung zu erfahren. Dem Menschen ist ein religiöser Instinkt angeboren, und in seinen unterbewussten Ebenen bleibt die Aktivität der gesamten Schöpfung als Inspirationsquelle verborgen. Das menschliche Denkvermögen enthält so viele Schichten, in denen die Erinnerung an die Natur und die Erinnerungen an die unzähligen Evolutionsstadien des Menschen latent vorhanden sind. Je nachdem kann dieses verborgene Gedächtnis angeregt werden, und Erinnerungen tauchen auf. Aus diesem Grunde schuf die Menschheit so vieler Rassen durch die Jahrhunderte hindurch unabhängig voneinander religiöse Vorstellungen. Merkwürdigerweise ist die Grundessenz all dieser Vorstellungen gleich. Dieses gemeinsame Gut des Menschen wird einer übermenschlichen Seele zugeschrieben, die es stets als Weisheitsformel durch allmähliche Entfaltung übermittelt. Im Licht dieser Weisheit erfährt die Tätigkeit des Menschen von Zeit zu Zeit eine Korrektur, so dass eine Gruppe von geschulten Seelen entstand, die später in Legenden als die ersten Unterweiser der noch primitiven Menschheit verehrt und angebetet wurden. Die Weisheit, die von diesen Seelen an ihre Anhänger weitergegeben wurde, umfasst bestimmte Allegorien, Gespräche und im Schauspiel übermittelte Darstellungen. Dies war notwendig, weil die abstrakte Natur des Themas und die Vermittlung der Gemeinschaft in diesem Thema eine mündliche Überlieferung und eine bestimmte magnetische Aufladung erforderten, die durch die geschulte Willens- und Seelenkraft der Erzähler zustande kam.

Später wurde der gesamte Ablauf in ritualistische Formeln gefasst, die zunächst in den Wäldern und Höhlen zum Einsatz kamen. Die Weisheit bestand aus dem strahlenden Glanz von Sonne und Mond, Licht und Dunkelheit, Leben und Tod und derartigen Phänomenen, welche mit ihrer Größe und Pracht den Raum unter dem Himmelszelt erfüllen. Die Begriffe *Brahmavidyâ*, „Mysterium", „Kabbala" usw. bedeuten das Gleiche, nämlich die mündliche Überlieferung von Mensch zu Mensch. Das Hauptthema des Studiums und der Lehren handelte vom Menschen selbst. Der Mensch fand seine Rolle in der Schöpfung als etwas Bedeutungsvolles, und diese Vorstellung von seiner Rolle mitten unter den anderen Lebewesen rief die Idee des Schauspiels oder Mysterienspiels hervor, in das der Mensch den gesamten Inhalt seiner Weisheit zum Ausdruck brachte.

Nach einer gewissen Zeit entwickelte sich ein Stadium, wo erleuchtete Menschen andere in die Geheimnisse des Mysteriums des Lebens einweihten. Verschiedene Geheimkulte entstanden, und die Leute durften in diese Institutionen eintreten, wo sie geschult wurden, um in ihrem Denkvermögen die Geheimnisse der Schöpfung aufzunehmen. Zu den ältesten, der Menschheit bekannten Kulten gehören die *vedischen* und die ägyptischen Traditionen. Zweifellos ist das ägyptische Ritual des Einweihungstempels das früheste, aus dem sich alle späteren Kulte entwickelten. Leadbeater und einige andere Autoren, die über diese Rituale schrieben, verfolgen den Ursprung des ägyptischen Rituals zurück bis zu den Ritualen der Anhänger des *Manu* in Indien.

Die Rituale Ägyptens wie die des alten Indiens beginnen mit Initiationsstufen, welche zunächst eine Vorbereitungszeit für den Kandidaten vorsehen. Auf dieses anfängliche Reinigungsstadium folgt in Stille die mystische Vermittlung gewisser Geheimnisse der Schöpfung. „Von Mund zu Ohr und mit leiser Stimme" wurde zuerst gelehrt als Vorbereitung, und mit geschlossenen Lippen wurden die höheren Geheimnisse in Stille übermittelt. Im *vedischen* Ritual ist auch die Rolle von *Brahmâ* immer still, obwohl er die anderen Personen des Rituals unterweist, das ganze Verfahren durch die Macht seines Gedankens durchzuführen. Die Übermittlung der Geheimnisse enthielt Gesten, Positionen, Griffe bzw. Handhaltungen und mentale Worte (Passworte). In der indischen Tradition werden sie *Mudras* genannt. So wie ein Schauspieler durch seine Gesten und sein Handeln im Denken der Zuhörer die gewünschte Wirkung erzielt, so erzielt der Unterweiser die erforderliche Wirkung in der Persönlichkeit des einzuweihenden Schülers. Wird ein Mensch durch gewisse spektakuläre Szenen emotional bewegt, so macht er automatisch gewisse Gesten. Diese Gesten werden vom Ritualisten (wie vom Schauspieler) imitiert, so dass die Emotionen systematisch gefiltert werden und in der Rückerinnerung keine Emotionen mehr wachrufen.

Nach diesem Reinigungsvorgang behandeln die Mysterien einer jeder Nation hauptsächlich die symbolischen Phänomene der Geburt des Kindes (der menschlichen Seele) vom Vater (der Vaterquelle oder der Gottesnatur) durch die Hilfe der Mutter (der Rolle der Natur in der Schöpfung). Dann folgt das Drama der Evolution der Universen sowie das Mysterium von Tod und Auferstehung (Wiedergeburt). Alle Mysterien Ägyptens enthielten das gleiche Thema. Moses verließ zusammen mit seinen Gefolgsleuten Ägypten und gründete die gleiche Tradition der Mysterien mit einigen Abänderungen. Jahrhundertelang haben Nationen die gleiche Tradition in den Mysterienschulen gepflegt. Bei den Priestern und Herrschern Griechenlands finden wir die gleiche Art von Initiationen. Beispielsweise haben die Rituale von Dionysus, Trophonios, Eleusis usw., die es auf verschiedenen Ebenen gegeben hat, die gleiche Bedeutung.

Im Lauf der Zeit umfasste die Lehre der Mysterienschulen die Weisheit der Sterne und

Planeten, Chemie, Biologie sowie den häufig missverstandenen Bereich der Alchemie. Auch wurde eine Wissenschaft praktiziert, die sich mit dem Beherrschen der Elemente und der verstorbenen Seelen befasste. Durch die Evolution der gegenwärtigen Menschheit erreichten die Rituale und Initiationen langsam höhere Ebenen. Nach und nach erfuhren alle Kulte durch die Meister eine rein metaphysische und spiritualistische Ausrichtung. Pythagoras sammelte eine Anzahl Schüler um sich und erneuerte die edlere Seite der Mysterien, indem er seine Anhänger in die geometrische und numerische Symbolik des Universums und des Menschen einweihte. Seit jener Zeit blieb dieser Orden ohne Unterbrechung bis zum heutigen Tag im Geheimen erhalten, und zwar mit Hilfe der verschiedenen Meister der Weisheit, die die Entwicklung der Menschen auf dieser Erde begleiten.

Einer dieser Meister ist Graf St. Germain, der neben Cagliostro viele Schüler in die Tradition der gleichen Rituale unter neuen Namen einweihte. Über das göttliche Licht der ritualistischen Initiationen und das Wesen des Menschen, der in ein solches Licht eingeweiht wurde, gab St. Germain folgenden Kommentar:

„... dann hörte ich von der Göttlichkeit dieses Tempels. Ich werfe mein Inneres auf jene, die um mich herum sind. Ich meide nicht jene, die mit mir sind, sondern ich meide jene, die mich verlassen haben... Ich fand es äußerst erfreulich, alles zu wissen, ohne etwas zu studieren, über alle Schätze der Welt zu verfügen, ohne die Belästigung von Monarchen, die Elemente anstatt die Menschen zu beherrschen. Der Himmel machte mich frei; ich habe genug, um meinen Geschmack zu befriedigen; alles, was mich umgibt, ist reich, liebenswert, auserwählt."

Um dieses Ziel zu erreichen, erneuerte der Meister den alten Freimaurerorden, verjüngte den Orden der Rosenkreuzer und die Tempelritter. Schließlich richtete er seinen neuen Orden der Rituale ein, den er die „Heilige Trinosophie" nannte. Er hatte Schüler, die zu den drei Ritualorden gehörten, um das gleiche Ziel der Verwirklichung und Erkenntnis zu erlangen. Durch viele Verkörperungen hindurch stellt dieser Meister eine geheimnisvolle Person dar, die immer noch den Vorsitz über die verschiedenen heiligen Ritualorden einnimmt. Die vielen heutigen Ritualschulen sind ihm tief zu Dank verpflichtet.

Gleichzeitig wurde von den alten Juden ein gesonderter Orden von Tempelritualen gegründet und befolgt, der noch bis vor zweitausend Jahren existierte. Der Ursprung dieses Ordens ließ sich bis zu ihrem früheren Propheten, einem Schäfer, zurückverfolgen, der über die Felder wanderte, auf seinen Musikinstrumenten spielte und operativ wie auch spekulativ Schafe, Vieh und seine Anhänger behütete. Er versprach, wieder auf die Erde herabzukommen und unterrichtete sie über die Anzeichen für seine Wiederkunft.

Das Zeichen des Sterns erschien in Bethlehem, wo im Geheimen aus dem Leben eines Juden heraus die spirituelle Geburt eines Jungen stattfand. Die Geburt dieses spirituellen Kindes (welche den höchsten Rang der Initiation in der Rolle eines Erlösers bedeutet) war der Beginn des Ritualordens, einem Schüler durch Seelenkontakt mit Hilfe von Gnade und Liebe eine zweite Geburt ins kollektive spirituelle Leben des Christus zu verleihen. Durch göttliche Kraft besteht der Orden bis heute weiter, obwohl es auf einer niederen religiösen Ebene viele Nachahmungen dieses Ordens gibt. Im Namen so vieler christlicher Kirchen führen sie untereinander Krieg, und einige andere Kirchen betreiben sogar im Namen des Erlösers ihre Politik. In vielen Mysterienschulen wird der ursprüngliche Orden von Jesus im Geheimen weitergeführt, und dies wird fortgesetzt, bis die falschen Kirchen in dem von ihnen erzeugten Chaos und Hass untergehen. Fanatismus, Eigendünkel und ein Geist des Separatismus bilden heutzutage Hindernisse, die sich ausgehend von den pseudo-christlichen Kirchen dem Pfad Christi in den Weg stellen.

Die Urform der alten Rituale und Mysterien wird unter der Leitung der gegenwärtigen Meister der Weisheit wieder neu errichtet werden. Um eben dieses Ziel zu erreichen, werden jetzt Schüler ausgebildet, und innerhalb der kommenden fünfzig Jahre werden die Mysterienschulen öffentlich in Erscheinung treten. Auch die Kindererziehung wird ritualisiert und geheiligt werden. Der mühsame Prozess, bei den verschiedenen Themen das Unwesentliche zu lehren bzw. zu lernen, wird von den zukünftigen Ritualisten beseitigt, die in den Bereichen Politik, Wirtschaft und Erziehung der verschiedenen Nationen eine aktive Rolle spielen werden. Es wird zu erstaunlichen Veränderungen in den Bildungs- und Lehrplänen kommen. Man wird die Methode der Seelenschulung durch Gruppenkontakt begründen und die Wissenschaft einführen, durch Impression zu lehren.

Eine umfassende Ritualisierung der gesamten Tätigkeit des Menschen ist nicht mehr fern. Da die gegenwärtige Welle des Materialismus und der falschen Religionen im Krieg gegeneinander zu Ende gehen, werden dem Menschen erneut die uralten Methoden enthüllt, sich mittels der ritualisierten Werte seines Lebens zum Ausdruck zu bringen. Die Kluft zwischen Wissenschaft und Ritualismus wird überbrückt werden, wenn Ziel und Zweck der modernen Zivilisation erfüllt sind. Das gegenwärtige Wassermannzeitalter, das den Menschen zu direktem Kontakt mit dem Raum und dessen unsichtbaren Intelligenzen führt, ist das geeignete Zeitalter für solch eine Erfüllung. Das fehlende Glied zwischen den nuklearen Phänomenen und dem unbegrenzten Raum wird gefunden, und dies beendet das Zeitalter der Kriege. Dann kommt die Zeit für die volle Entfaltung der Mysterien der Alten, welche die gesamte Aktivität des Lebens im Menschen ritualisierten.

10. Sprache und Konzepte der *vedischen* Hymnen

Die Sprache einer Schrift unterscheidet sich von jedem anderen Buch. Ein Geheimnis umgibt die Sprache, die Beschreibungen und Erzählungen sowie den Aufbau jeder zu einer Rasse oder Nation gehörenden Schrift. Eine Schrift ist die Gesamtheit der unterbewussten Tätigkeit einer Rasse. Sie sollte mit den bekannten Begriffen auf die bewusste Ebene übertragen werden. Ohne ein derartiges Bemühen hat es keinen Zweck, sich mit Hilfe von Grammatik, Philologie und einem Wörterbuch einer Schrift wie dem *Veda* rein literarisch anzunähern. Grammatik und Philologie befassen sich mit menschengemachten sprachlichen Symbolen, aber eine Schrift wird zunächst in einer unterbewussten Sprache verfasst und erst dann in die Begriffe der menschengemachten Sprache übernommen. Die *vedischen* Seher unterschieden zwischen dem weltlichen und dem göttlichen Aspekt der Sprache der Schriften.

Wenn man die *vedischen Mantren* in ihrem literarischen Aspekt betrachtet, enthalten sie nur

Beschreibungen der verschiedenen Sinnbilder und Symbole, die etwas anderes bezeichnen. Ein wahrer Student der esoterischen Schule entdeckt gewisse (notwendigerweise ritualistische) Schlüssel zur wahren Einheit, die dem Gesamtthema der *Veden* zugrunde liegt. Von den Sehern wird diese Einheit „*Veda*" genannt. Wir erkennen, dass der Begriff „*Veda*" etwas bezeichnet, was von der literarischen Version der *Veden* verschieden ist, und wir finden dies im Text selbst. Diese zugrundeliegende Einheit, die sie „*Veda*" nannten, wird als ein großes, zusammengesetztes Symbol eingeführt, das im Menschen selbst existiert. Die Bedeutung der *vedischen* Hymnen liegt allein in dieser Einheit und beabsichtigt, das Denken des Menschen zu dieser Einheit zu führen. Dies geschieht zunächst objektiv, wenn der Leser die Bedeutung objektiv zu verstehen sucht. Durch sein Bemühen erhalten die inneren, tieferen Schichten des Lesers einen Impuls, damit sich die objektive Bedeutung vor dem Auge seines Denkens als eine Reflexion erschließt. Die gesamte Tätigkeit des Lesers wird dadurch geheiligt und ritualisiert. Sie wird neu geordnet und in Einklang mit der in ihm bereits existierenden Einheit gebracht.

Wir dürfen nicht erwarten, dass die verschiedenen vedischen Passagen inhaltlich durchgängig sind, weil das, was wir unter der Bedeutung einer Passage verstehen, nur einer der untergeordneten Schlüssel zur Erkenntnis ist. Zweifellos finden wir hier und dort Stellen voll poetischer und wissenschaftlicher Beschreibungen, die verschiedene Auffassungen der literarischen Version begründen. Sie dienen auch dazu, das Symbol der zugrundeliegenden Einheit zu entschlüsseln. Die wahre Bedeutung der *vedischen* Passagen liegt allein in der Antwort der menschlichen Seele mit ihrer hohen Schwingungsfrequenz auf eine Reihe von Gedankensymbolen, die wie zu einer Geschichte angeordnet sind. Dort beginnt das Spiel der Seele, das die verschiedenen Rollen des Symbols zur Aufführung bringt und dabei die Reihenfolge erfährt. Die Seele tritt auf diese Weise in die Bedeutung ein, die auf einer (unkonditionierten) Erfahrungsebene liegt und die Ganzheit des *Veda* bildet. Diese angestrebte Erfahrungsebene geschieht durch Kettenreaktionen von Emotionen, Gedanken und Gefühlen, die miteinander verschmelzen und in der Einheit des Individuums mit dem Ganzen aufgehen. Die kumulative Wirkung kann mit der eines Gedichts oder genauer gesagt eines Schauspiels verglichen werden.

Jeder exoterische Versuch, diese Passagen und Symbole auf der Mentalebene zu erklären oder ihnen einen Sinn zu verleihen, bleibt zwangsläufig einseitig und unzureichend, weil diese Symbole etwas Ewiges bedeuten. Im Allgemeinen werden sie von klugen Gelehrten anhand der gängigen Vorstellungen des jeweiligen Zeitalters ausgelegt. Der Anwendungsbereich und die Interpretation hängen von der Ebene ab, auf dem sich das Bewusstsein des Gelehrten befindet. Meistens spiegelt die Ebene der Gelehrsamkeit den Zeitgeist wider, und dieser Zeitgeist wird von der Evolutionsstufe der jeweiligen Menschheitsrasse bestimmt und beherrscht. Aus diesem Grund werden die heiligen Bücher so vieler Rassen und Zeitalter im Licht der verschiedenen, zum jeweiligen Zeitpunkt gerade gängigen Wissenszweige interpretiert. Manche betrachten sie als primitive Gebete der Wilden; einige als Relikte der materialistischen Wissenschaften der Vergangenheit; andere als die höchsten Abstraktionen der Philosophie;

wieder andere als die verwirrten und verzerrten Dokumente der Geschichte oder Geographie und wiederum andere als bloße Spekulationen. Gleich auf welcher Ebene die Interpretation geschieht, diese Passagen leben ewig, von Jahrhundert zu Jahrhundert und von Sprache zu Sprache, und manchmal von Religion zu Religion, unter der direkten Führung der Meister der Weisheit. Solche Bücher leben als lebendige Kräfte, die gewisse Denker aller Zeitalter anziehen, bewegen und auswählen, und diese Denker werden durch die physischen, intellektuellen und spirituellen Einweihungshallen sukzessiv in die höhere Ordnung der Evolution eingeführt.

Nun können wir verstehen, warum ein Leser, der das Buch nach Belieben aufschlägt ohne durch einen Meister darin eingeweiht zu sein, keine inhaltliche Einheit in den Passagen des *Rig Veda* erkennen kann. Er mag ein großer Gelehrter sein, doch das ist keine Entschuldigung. Jede *Sûkta* des *Rig Veda* enthält verschiedene Passagen, die anscheinend keine Verbindung zueinander haben. Die heutige Gruppierung und das Verzeichnis dieser *Sûktas* sind ebenfalls offensichtlich willkürlich, denn die ursprüngliche

Ordnung liegt bei den Meistern der Einweihung, wie *Vedavyâsa, Sanat Kumâra* und *Maitreya*. Ein tiefes und sorgfältiges Studium des Inhalts, der den gesamten Text umfasst, ist sehr schwierig, aber höchst interessant. Ein solches Studium offenbart eine erhabene Einheit, die sich wie eine Grundströmung durch die Beschreibungen, Erzählungen und Gebete des Buches zieht. Diese Einheit finden wir nicht in den Inhalten, sondern im Gehalt. Solch ein Studium beweist zweifellos, dass:

a) der *Veda* sich vom *vedischen* Text unterscheidet;
b) der gegenwärtige Text der *Veden* ein Teil des ursprünglichen Textes ist, der irgendwo in den Händen von jemandem existieren muss;
c) der Zweck der *vedischen* Passagen nicht dazu da ist, uns irgendeinen Punkt oder Punkte in Bezug auf einen Wissenszweig näherzubringen. Der eigentliche Zweck besteht darin, die Persönlichkeit des Lesers auf ein höheres Zentrum des Selbstausdrucks hin auszurichten.

Das obige Ziel lässt sich erreichen, indem die objektiven und subjektiven Zentren allmählich neu geordnet werden. Im Wesentlichen besteht dieser Vorgang nicht aus dem Lesen, Lehren oder Verstehen, obwohl all dies dazugehört. Es geht in erster Linie um das Thema Entfaltung und Errungenschaft. Im Sanskrit gibt es den Begriff *Adhyayana* für einen Zugang zu den *Veden*. Er bedeutet einen Zugang, um etwas zu erreichen.

Dieser *Adhyayana*-Prozess erfordert eine völlig neue Art der Annäherung. Die Methode unterscheidet sich deutlich von den bekannten Methoden des Lehrens und Lernens, weil sie eine andere Sprache benutzt. Das Alphabet dieser Sprache ist für die Denker des gegenwärtigen Zeitalters so neu, dass man sich erst damit vertraut machen muss. Zahlen, Formen, Farben und Klänge bilden Teil dieses Alphabets. Man muss klarstellen, dass diese vier Phänomene nicht zur Klasse der menschengemachten Symbole gehören. Bereits lange vor dem Erscheinen des Menschen existierten sie als Potenzen im Raum. Sie gehen als Saat im Menschen auf und reifen durch die objektive Stimulierung ihrer Entsprechungen zum Baum menschlichen Verstehens heran. Im menschlichen Denken erscheinen sie als primäre und sekundäre Muster des Universums. Das individuelle Denkvermögen empfängt diese als Reflexionen, wenn es durch Rituale gereinigt und in den Orden eingeweiht wurde. Durch den Reinigungsprozess kommt die unnötige Aktivität des menschlichen Denkens zum Stillstand, und die oben erwähnten universalen Muster werden nicht länger von menschlichen Reflexionen überlagert. Sobald das menschliche Denken durch Rituale gereinigt bzw. geläutert wurde, erlangt es den Pfad der passiven Objektivität und aktiven Subjektivität. Dann erkennt der Mensch erneut die Einheit der gesamten Schöpfung in sich selbst und um sich herum. Er erkennt, dass der Umriss seines Körpers, der bislang die Welt in Subjektivität und Objektivität teilte, nur ein Abbild der unermesslichen Dimension der einen Schöpfung ist. Im Zustand des Gleichgewichts erfährt der individuelle Mensch nun die uneingeschränkte Existenz des Menschen. Dies ist der Zustand der Befreiung, der in den *Veden* als *Apurva* und *Swarga*, in der Philosophie der *Vedanta* als *Mukti* und von den buddhistischen Anhängern des Pfades als *Nirvâna* bezeichnet wird. In der Sprache der späteren Ritualisten hieß es die „Auferstehung vom Tod". Gemeint ist die Freiheit von der Selbstkonditionierung. Hierin liegt der Zweck des *Veda*.

Die Beschreibungen des *Rig Veda* geben uns ein genaues Verständnis über die Manifestation eines Universums aus dem inneren Licht der Subjektivität zum Licht der Objektivität. Der Vorgang des Entzündens und Durchdringens des *Agni* wird als zwei sich einander bedingende Herrlichkeiten des Herrn der Allgegenwart beschrieben. Das Entzünden wird durch das Entstehen des Punktes und die Durchdringung als Kreis um den Punkt symbolisiert. Der Punkt wird in seinem Entstehen und Vergehen als „selbst-gewollt" (*Swayambhu*) bezeichnet. Der Kreis ist nur relativ zur Existenz des Zentrums und wird der „umgebende Glanz seiner eigenen Objektivität" (*Paribhu*) genannt.

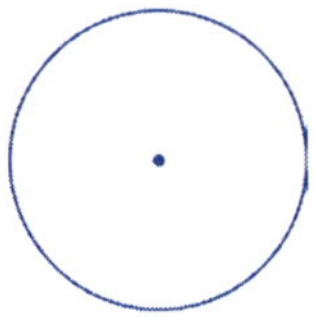

Das erste Symbol des Kreises mit dem Mittelpunkt nennt man *Agni-Vishnu* (Entzündung-

Durchdringung). Von dem Symbol heißt es, es bestehe aus drei sich ergänzenden Teilen: dem Zentrum, dem Kreisumfang und dem dazwischenliegenden Inhalt.

In der Sprache der *vedischen* Hymnen spricht man von den „drei Schritten *Vishnus*". Die sekundären geometrischen Eigenschaften von Länge, Breite und Dicke hängen von den primären Eigenschaften der rotierenden Kugel ab. Zum Verständnis der oben erwähnten dreifältigen Natur des Symbols wird der nächste Schritt durch die Gestalt des Kreises mit dem Zentrum und einem gleichseitigen Dreieck innerhalb des Kreises gekennzeichnet.

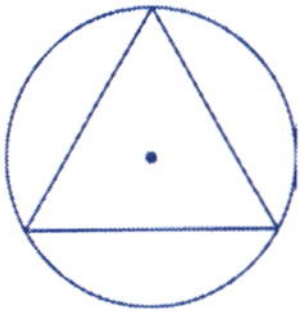

Gemäß der Erklärung des *Aitareya Brâhmana* enthält dieses Symbol den Schlüssel zur Einheit des *Rig Veda*. Im letzten Teil dieses *Brâhmanas* wird die Bedeutung des Symbols ausführlich kommentiert. Jene Schule von Sehern, die die Geheimnisse zwischen Objektivität und Subjektivität gelöst und erklärt haben, wird die „*Aitareya*-Schule“ genannt. „*Itara*“ bedeutet auf Sanskrit „das andere“, und der Begriff „*Aitareya*“ (die Andersheit der Objektivität) ist daraus abgeleitet. Im Sanskrit sind zahlreiche Namen von Denkschulen sowie Namen von Sehern, denen die Abfassung der *vedischen* Formeln zugeschrieben wird, keine Eigennamen, wie einige vermuten. Diese Namen sind symbolisch und erklären die Bedeutung des Inhalts. Sie dienen auch als Untertitel für den Inhalt des *Mantrams*.

Das Symbol eines gleichseitigen Dreiecks innerhalb eines Kreises ist das Symbol der drei Zeilen, aus denen das *Gâyatrî*-Metrum besteht. Die 24 Silben des *Gâyatrî*-Metrums sind in drei Zeilen von je 8 Silben unterteilt, wie zuvor erklärt wurde. Diese drei Seiten des Dreiecks werden auch als die drei Äußerungen des heiligen Wortes in drei subjektiven Welten beschrieben, die das vierte Stadium des Wortes in die objektive Form hervorbringen. In der Aktivität des objektiven Universums stellt dieses Dreiecksymbol den dreifältigen Fluss der Ewigkeit in die drei Unterteilungen der Zeit dar (Gegenwart, Vergangenheit und Zukunft) und die dreifältige

Aktivität der geschaffenen Entitäten im Raum (als dem Tuenden, dem Tun und der Tat). Es heißt, dass je drei Gruppen von sieben Tonleitern und drei Feuer von sieben Lichtern (Farben) aus den drei Seiten des Dreiecks hervorkommen. Somit teilt sich in der dritten Stufe dieses Symbols jede Seite des Dreiecks in 7 gleiche Teile; das Ganze ergibt 21 plus das Zentrum geteilt durch 7, den wahren Wert von Pi (π). In einigen Mysterienhallen wird dieses Ritual von drei Personen aufgeführt, die zusammenkommen und die drei Teile des heiligen Wortes als eines äußern. Die drei hebräischen Silben auf dem Kreisumfang der Glorie des Herrn, welche in einigen modernen Ritualen den Feuerplatz umgeben, haben die gleiche Bedeutung.

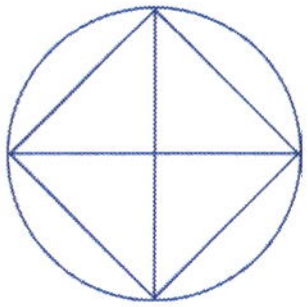

Das nächste Symbol ist das Kreuz und das Quadrat innerhalb des Kreises. Dies wird die „viergesichtige Gottheit *Brahmâ*" genannt, die in den *Purânen* beschrieben wird und von der es heißt, dass sie das heilige Wort oder den Namen Gottes in vier Silben äußerte.

Die vier Punkte des Kreuzes stellen die vier Stadien der Äußerung des Wortes dar. Sie bilden die vier Kardinalpunkte des Tages. Von den Kabbalisten wird es als das „heilige Tetragramm" bezeichnet. Die anderen Symbole und Festkörper, welche aus den Symbolen hervorkommen, wurden bereits früher genau beschrieben. Die ritualistischen Symbole und Unterweisungen erscheinen gemäß ihrer Wesensnatur wie im Folgendem dargelegt.

Die erste Gruppe:

- Meditiere über einen Kreis mit einem Mittelpunkt,
- der Kreis rotiert,
- es formt sich ein Radius,
- horizontal bildet sich der Durchmesser.

Dies stellt den Osten und den Westen mit unserer Erde als Zentrum dar. Die obere Hälfte des Kreises symbolisiert die Nacht (in der Kabbala ist die obere Hälfte das Engelsgesicht und die untere Hälfte das Teufelsgesicht der kreisenden

Gottheit). Ein weiterer Durchmesser wird gezogen, der den ersten kreuzt und vier rechte Winkel um das Zentrum bildet. Verbinde die vier Ecken des Kreuzes. Man erhält das Quadrat. Meditiere über diese Figur als weiße Linien auf schwarzen Grund.

Die zweite Gruppe:

- Lege die obige Figur horizontal auf den Altar.
- Ziehe senkrecht durch das Zentrum des Kreuzes eine weitere vertikale Linie.
- Das Kreuz wird zum dreidimensionalen Kreuz.
- Um das Zentrum herum liegen zwölf rechte Winkel.
- Die derart gebildete Figur hat sechs Arme.
- Erbaue diese Figur mit Hilfe von drei Stäben, jeder mit einer Länge von 12 Zoll (1 Zoll = 2,54 cm: 30,5 cm)
- Die drei Stäbe sollten drei verschiedene Farben haben – weiß, schwarz und rot. Konstru-

iere eine Kugel, die diese dreidimensionale Figur umgibt.

- Verbinde die vier Ecken des Quadrats mit den zwei Enden der vertikalen Linie. Man erhält die Doppelpyramide, einen festen Körper, der acht Seiten hat, wobei jede Seite ein gleichseitiges Dreieck beschreibt. Diese Figur ist in einer Kugel verborgen.

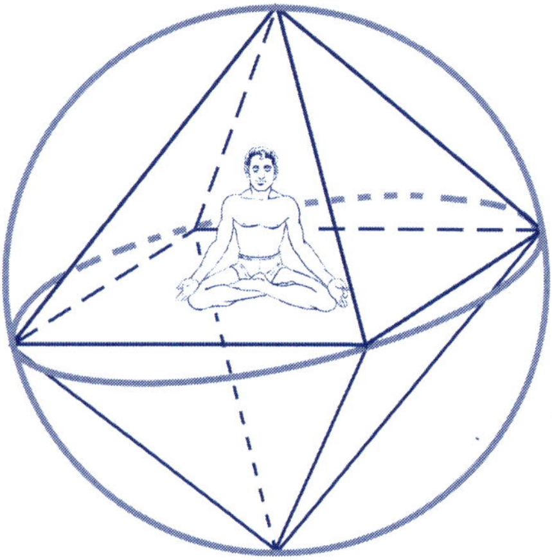

Die dritte Gruppe:

- Nimm sechs Pyramiden und ordne sie so an, dass sich alle mit ihren Spitzen an einem Punkt berühren. Der Würfel ist erbaut. Stelle dir eine Kugel innerhalb des Würfels vor und den Würfel innerhalb einer Kugel. Diese Figur enthält alle vorherigen Maße der drei obigen Gruppen. Dies versinnbildlicht die unsichtbaren Kräfte, die im Raume wirken, um die gesamte Schöpfung von der Subjektivität zur Objektivität hervorzubringen.

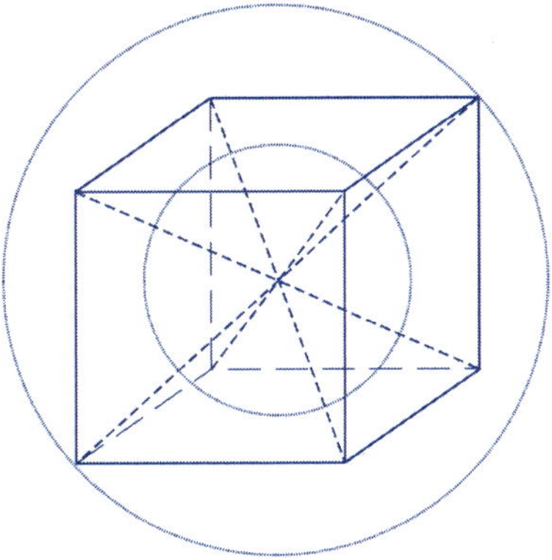

Die vierte Gruppe:

- Konstruiere einen Ziegel, dessen Länge, Breite und Dicke jeweils vier, drei und zwei Zoll haben. Lege den Ziegel auf den Würfel. Errichte den Feuerplatz auf dem Ziegel. Dies ist der Altar, auf den das heilige Buch gelegt wird, welches das Wort Gottes enthält.

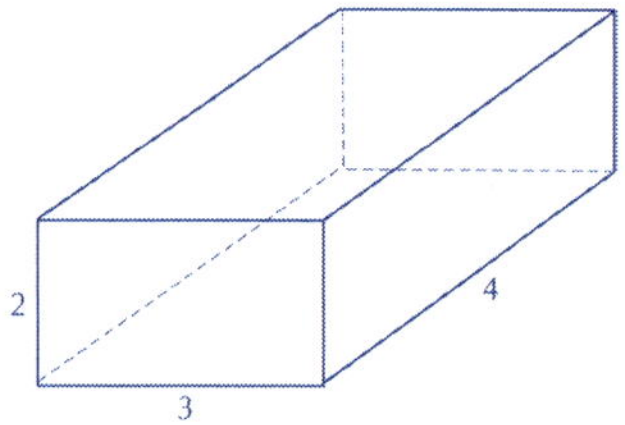

Die fünfte Gruppe:

- Zeichne drei Radien innerhalb des Kreises, so dass sie den Kreis in drei gleiche Flächen teilen. Verbinde die drei Punkte, und du erhältst das gleichseitige Dreieck innerhalb des Kreises. Die drei Seiten des Dreiecks stellen die folgenden Aspekte dar:

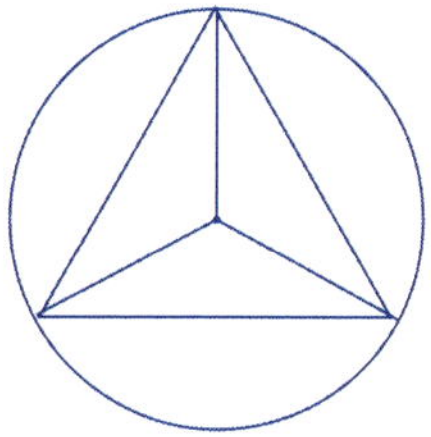

- Die drei Seiten des Dreiecks stellen die folgenden Aspekte dar:
  a) Länge, Breite, Dicke,
  b) Vergangenheit, Gegenwart, Zukunft,
  c) erste, zweite, dritte Person,

d) Subjekt, Verb, Objekt,
e) Entstehen, Gleichgewicht, Vergehen,
- f) Aktivität, Ausgeglichenheit, Ruhe.
- Die dreifältige Natur der obigen Figur wird genannt:
  a) *Bhu, Bhuvar, Suvar.*
  b) *A, U, M.*
- Numerisch wird das Quadrat durch die Vier dargestellt,
- das Dreieck durch die Drei,
- der Durchmesser durch die Zwei;
- der Kreis durch die Null.

Meditiere über die so gebildete zusammengesetzte Zahl 4320. Diese Zahlen kommen aus der Null (dem Kreis) hervor und gehen in der gleichen Reihenfolge in die Null zurück. Das Zentrum des Kreises ist numerisch die Eins. Sie kann weder geometrisch noch numerisch in zwei geteilt werden. Jeder Kreis hat nur ein Zentrum. Alle Linien im Kreis beginnen vom Zentrum und laufen auseinander. Dennoch kann das Zentrum nicht gestört werden. Solange der Kreis existiert, kann es niemals ausgelöscht werden.

Die sechste Gruppe:

- Ersetze in der oben angegebenen zusammengesetzten Zahl den Wert des Kreises (Null) durch den Wert des Zentrums (Eins). Man erhält die zusammengesetzte Zahl 4321. Ordne sie in folgender Weise in einem geometrischen Muster an. Man erhält ein gleichseitiges Dreieck mit zehn Punkten.

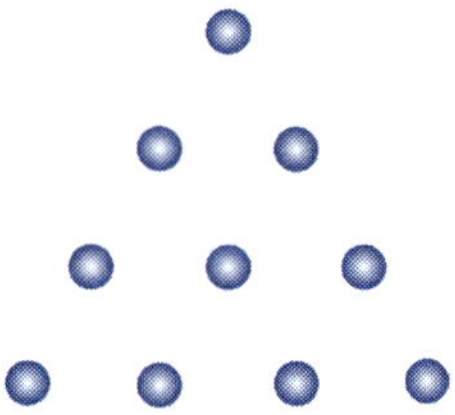

Stelle sie dar als blaue Punkte auf dem weißen Hintergrund eines Kreises innerhalb des schwarzen Hintergrunds des Quadrates.

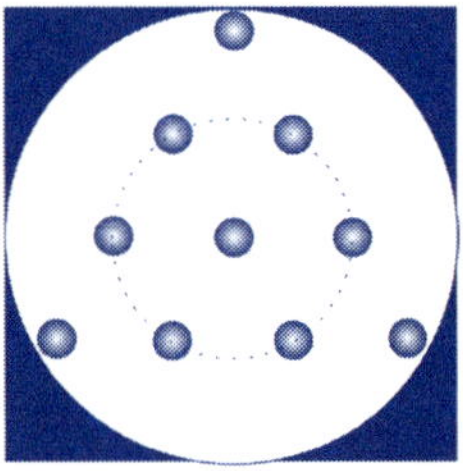

Diese Figur stellt eine Gottheit dar, die in vielen Kulten viele Namen hat: *Padmapâni, Dattâtreya, Kumâra* und der *Avatâr,* der kommen wird. In den *Veden* werden die zehn Punkte in der Figur „die zehn Finger der kosmischen Person" genannt; in den *Purânen* „die zehn *Avatâre*". In der Entwicklung des menschlichen Embryos erscheinen sie als die Aktivität der zehn Monate. Diese Figur ist auch ein Symbol für die Einteilungen der Zeit(alter). Der eine Punkt an der Spitze stellt das *Kali Yuga* dar; die nächste Reihe mit zwei Punkten repräsentiert das *Dwâpara Yuga*; die nächste Reihe mit drei Punkten steht für das *Tretâ Yuga* und die vierte Reihe mit vier Punkten für das *Krita Yuga*.

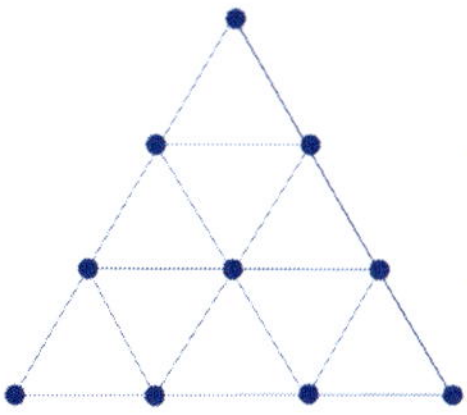

	1– *Kali Yuga*	– 432 000
	2– *Dwâpara Yuga*	– 864 000
	3– *Tretâ Yuga*	– 1 296 000
	4– *Krita Yuga*	– 1 728 000
Summe	10 – *Mahâ Yuga*	– 4 320 000

Die Geschichten der verschiedenen Weltschriften, die sich mit diesen Zeitperioden und den oben erwähnten Namen der Gottheiten befassen, offenbaren die gesamten Geheimnisse, die zu diesem Symbol gehören.

In der Geheimlehre finden wir eine ausführliche Erklärung vieler der oben erwähnten Embleme und Symbole. Zum Beispiel wird das Entstehen des Punktes und die Anordnung der numerischen Potenzen in geometrischer Form als Punkt und Dreieck mit zehn Punkten sehr eingängig erklärt. Wir finden beispielsweise im dritten Band der Geheimlehre auf Seite 178f (Ausgabe von J. J. Couvreur, Den Haag, Holland):

„Die Schöpfung (das evolvierte Weltall) ist das Gewand von dem, was keinen Namen hat, das Gewand, gewoben aus der eigenen Substanz der Gottheit... Zwischen dem, das *Ain* oder »Nichts« ist, und dem himmlischen Menschen liegt jedoch eine Unpersönliche Erste Ursache, von der gesagt wird:

Bevor Es dieser Welt irgendeine Gestalt gab, bevor Es irgendeine Form hervorbrachte, war Es allein, ohne Form oder Ähnlichkeit mit irgendetwas anderem. Wer also kann Es begreifen, wie Es vor der Schöpfung war, nachdem Es formlos war? Daher ist es verboten, Es durch irgendeine Form, Ähnlichkeit oder auch nur durch Seinen heiligen Namen darzustellen, durch einen einzigen Buchstaben oder einen einzigen Punkt."

Diese Sätze sind Auszüge aus dem kabbalistischen Buch ZOHAR.

Die Herrlichkeit des Dreiecks mit zehn Punkten wiederum wird als traditionelle Allegorie gegeben, und ihre Bedeutung wird auf den Seiten 436ff des gleichen Buches folgendermaßen enthüllt:

„... Der Schüler möge sich daran erinnern, dass Zahl der Form zu Grunde liegt und dass Zahl den Ton begleitet. Zahl liegt an der Wurzel des geoffenbarten Weltalls: Zahlen und harmonische Verhältnisse begleiten die ersten Differentiationen der gleichartigen Substanz in ungleichartige Elemente; und Zahl und Zahlen setzen der formenden Hand der Natur Schranken.

Kenne die entsprechenden Zahlen des fundamentalen Prinzips eines jeden Elementes und seiner Unterelemente, lerne ihr Ineinanderwirken und Verhalten auf der theosophischen Seite der sich offenbarenden Natur, und das Gesetz der Entsprechungen wird dich zur Entdeckung der größten Geheimnisse des makrokosmischen Lebens führen.

Aber um zum makrokosmischen Leben zu gelangen, muss man mit dem mikrokosmischen beginnen, d. h. man muss den MENSCHEN studieren, den Mikrokosmos – in diesem Falle so, wie es die Naturwissenschaft tut – induktiv, vom Besonderen zum Allgemeinen fortschreitend. Da jedoch ein Grundton notwendig ist, um irgendeine Zusammensetzung von Differentiationen des Tones zu zerlegen und zu verstehen, so dürfen wir gleichzeitig niemals die Platonischen Methoden aus den Augen verlieren, die von einem allgemeinen Überblick des Ganzen ausgeht, und vom Universalen zum Individuellen herabsteigt...

... So ist der mystische Satz »*OM Mani Padme Hûm*«, wenn er richtig verstanden wird, nicht aus den nahezu sinnlosen Worten: »*OM* das Juwel im Lotus« zusammengesetzt, sondern enthält eine Bezugnahme auf diese unauflösliche Vereinigung zwischen dem Menschen und dem Weltall, die auf sieben verschiedene Arten wiedergegeben ist, und die Möglichkeit sieben verschiedener Anwendungen auf ebenso vielen Plänen des Gedankens und der Handlung darbietet.

Von was immer für einen Aspekt aus wir ihn untersuchen, so bedeutet er: »Ich bin, der ich bin«, »Ich bin in dir und du bist in mir«. In dieser Verbindung und engen Vereinigung wird der gute und reine Mensch zu einem Gotte...

Der höchste *Buddha* oder *Amitâbha*, sagen sie, ließ in der Stunde der Schöpfung des Menschen einen rosigen Lichtstrahl aus seinem rechten Auge hervorgehen. Der Strahl entsandte einen Ton und wurde *Padmapâni Bodhisattva*. Dann ließ die Gottheit aus ihrem linken Auge einen blauen Lichtstrahl ausströmen, der sich in den zwei Jungfrauen *Dolma* inkarnierte, und so die Kraft erlangte, die Gemüter der lebenden Wesen zu erleuchten... Dann gelobte *Padmapâni*, »der Eine im Lotus«, niemals aufzuhören zu arbeiten, bevor er nicht erreicht hat, dass die Menschheit seine Gegenwart fühlt und er sie somit vom Elend des Wiedergeborenwerdens erlöst hat. Er gelobte, die Tat vor dem Ende des *Kalpa* zu vollbringen und fügte hinzu, dass er für den Fall des Misserfolgs wünsche, dass sein Haupt in zahllose Bruchstücke zerschmettert werden solle. Das *Kalpa* ging zu Ende; aber die Menschheit fühlte es nicht in ihrem kalten, bösen

Herzen. Da zersplitterte Padmapanis Haupt und wurde in tausend Bruchstücke zersprengt. Von Mitleid bewegt, setzte die Gottheit die Stücke in zehn Häupter zusammen, drei weiß, und sieben von verschiedenen Farben. Und seit jenem Tage wurde der Mensch zu einer vollkommenen Zahl oder Zehn."

Die drei weißen Häupter werden von den drei äußersten Punkten des Dreiecks angezeigt, und die verbleibenden sieben stellen die Spektroskopie des gesamten Universums dar, das durch den Menschen als seine eigene Vision in die Objektivität tritt. H. P. Blavatsky erklärt weiter: „In dieser Allegorie ist die Kraft von Ton, Farbe und Zahl so geschickt eingeführt, dass die wirkliche esoterische Bedeutung verschleiert ist. Für den Außenstehenden liest sie sich wie eines der vielen sinnlosen Märchen von der Schöpfung; aber sie ist voll an geistiger und göttlicher, physikalischer und magischer Bedeutung. Aus *Amitabha* – keiner Farbe oder weißem Glanz – werden die sieben differenzierten Farben des Prismas geboren. Von diesen sieben entsendet jede einzelne einen entsprechenden Ton, die die sieben Töne der Tonleiter bilden. So wie die Geometrie... insbesondere zur Baukunst in Beziehung steht und auch (zum Universalen fortschreitend) zur Kosmogonie, symbolisieren die zehn Jods der Pythagoreischen Vierheit oder Tetraktys den Makrokosmos..."

Wenn man die vollkommene Bedeutung der oben zitierten Passage, die höchst esoterisch und ritualistisch ist, verstanden hat, kann man die ganze Bedeutung der Aussage im „Opfer des Menschen" erkennen, dass „er mit zehn Ziffern multiplizierte". Es heißt vom kosmischen Menschen, dass er sich mit Zehnern multiplizierte (zu 10, 100, 1 000 usw., was nur Wiederholungen der Zahl 1 oder der ersten Ursache auf der Dezimalskala sind).

Alle Symbole und Embleme, die oben beschrieben wurden und die in den gegenwärtigen und zukünftigen Ritualen Anwendung finden, erhalten ihre ausführliche Erklärung überall in der GEHEIMLEHRE von H. P. B. Wir finden Erklärungen des Dreiecks, des Kreuzes, des Quadrats, des Kubus usw. Auf Seite 181 des gleichen Buches heißt es:

„Eins ist der Geist des lebendigen Gottes, ... der ewig lebt. Stimme, Geist (des Geistes) und Wort: das ist der Heilige Geist. ... und die Vierheit. Aus diesem Kubus emaniert der ganze Kosmos.

Die Geheimlehre sagt: Sie wird ins Leben gerufen. Der mystische Kubus, in dem die schöpferische Idee ruht, das offenbarende *Mantra* (oder die artikulierte Sprache – *Vak*) und der heilige *Purusha* (beide Ausstrahlungen der Urmaterie) existieren in der Ewigkeit in der göttlichen Substanz in ihrem latenten Zustand – während des *Pralayas*."

Für weitere Erklärungen wird der Leser gebeten, die entsprechenden Passagen in der Geheimlehre, Band III, Esoterik oder in ihren Originalen zu lesen, welche die Kommentare bilden, von denen einige in Sanskrit und einige noch in der Priestersprache, Senzar, vorhanden sind.

11. Die Zukunft der Rituale

In der gegenwärtigen Situation der Menschheit besteht ein wirkliches Bedürfnis nach ritualistischer Schulung. Das Denkvermögen der Menschen wurde sehr stark angeregt und ist nun in tausenderlei Überlegungen zur Bewältigung der alltäglichen Probleme verstrickt. In Wirklichkeit entstehen die Probleme erst durch das übereilte, planlose Denken der heutigen Menschheit. Die menschliche Evolution hat auf den mentalen und intellektuellen Ebenen den erforderlichen Grad nicht nur erreicht, sondern ihn sogar überschritten. Daher kommt die Ruhelosigkeit der Menschen, die nun versuchen, die selbsterzeugten Probleme zu lösen. Ein gigantischer Krieg ist Ausdruck eines solchen Stadiums in der Evolution. Nach zwei großen Weltkriegen befindet sich die Menschheit in einem stetig wachsenden, flächendeckenden Krieg, den der Einzelne auf der Mentalebene ausficht. Dieser Krieg ist bereits in vollem Gange und die Resultate treten langsam in Erscheinung.

Der Zerfall von Rassen und Nationen in kleine politische Einheiten sowie das Auseinanderbrechen der Institution Familie auf lokaler Ebene weisen auf dieselbe Problematik hin - die Unruhe, der Krieg und die Jagd des Menschen nach etwas, das sich seinem Denken und Intellekt entzieht. Die glänzenden Fortschritte, die die Menschen auf politischem, religiösem, wissenschaftlichem, sozialem und wirtschaftlichem Gebiet erzielt haben, haben zu einer Entzauberung des Mythos geführt und der Mensch, der Schöpfer dieses Fortschritts, wird heute von eben jenen Errungenschaften erdrückt. Nun macht er sich auf die Suche nach einer Lösung, d. h. es tritt eine neue Kraft im Menschen hervor. Zwar beherrscht der Mensch heute die analysierenden und vereinigenden Kräfte, doch ist er sich seiner Synthese bildenden und schöpferischen Kräfte nicht bewusst. Sie leben in ihm, um eines Tages wiederentdeckt und als das verlorene Wort wiedergefunden zu werden.

Die Meister der Weisheit und ihre Anhänger kennen die Lösung, weil sie diese durch ihr eigenes Leben vorleben. Das Geheimnis der Befreiung, die Erfahrung des Lebenselixiers in Form einer unbegrenzten Seligkeit des Menschen und die wunschlose Fülle sind der strahlende Leitstern des Lebensziels für die Anhänger der Meister, die inmitten der Panik und dem von der gesamten Menschheit selbstgeschaffenen Kampf in Frieden leben. Sie empfinden es als ihre Pflicht, für den Menschen die Tore zum Pfad der Natur zu öffnen, damit er sich dem Gott in seinem Inneren nähert. So viele Mitglieder der menschlichen Gemeinschaft wie möglich wollen sie rekrutieren, doch für den Durchschnittsmenschen ist der zu leistende Tribut schwer aufzubringen. Er muss sich über eine lange Zeit tagtäglich seinen Lohn verdienen und ihn ansparen, um an der Eingangspforte zum Pfad den Preis zu entrichten.

Der Preis ist die selbstauferlegte Unterwerfung des Menschen unter das Wirken der Natur. Durch den Pfad des geringsten Widerstands, eine passive Dynamik gegenüber der äußeren Welt und eine aktive Unterwerfung unter die spirituelle Hierarchie öffnen sich die Tore und der Schüler kommt in direkten Gruppenkontakt mit einer der entsprechenden Personen. So wird ein aktiv verwirrter Mensch zu einem passiv sich beherrschenden Jünger.

Da der Preis für die Einweihung so hoch ist, ist die Zulassung in die Mysterienschulen (in ihrem wahren Sinn) zu langsam und mühsam. Dennoch verleiht die Natur dem inneren Wesen des Menschen den erforderlichen Drang, um den Pfad des Rades zurückzuverfolgen. Er darf das gelobte Land betreten, das seinen Vorfahren gehörte, und die Früchte seiner eigenen Arbeit genießen. Die Zeit liegt nicht mehr fern, wenn der Mensch die Suche nach Größe aufgibt und stattdessen nach Güte strebt; wenn er aufhört, Eroberungen zu machen und beginnt, sich zu entfalten und das brillante Skelett seiner Intelligenz mit dem machtvollen Fleisch und Blut der Liebe zu füllen.

Die Ritualisten, die die Stufe von Großmeistern in ihren eigenen Logen erlangt haben, übermitteln den Magnetismus ihrer kumulativen Gruppenseele an die weite Welt. Die Zahl der ritualistischen Schulen wird sich vervielfältigen. Die Literatur wird mehr und mehr zur Form und Struktur fortschrittlicher Schauspielkunst beitragen als andere Künste. Wenn große Finanzexperten auf internationaler Bühne für die wirtschaftliche Integration der gesamten Menschheit arbeiten, wird die heute durch Geld konzentrierte Macht durch einige finanzstarke ritualistische Personen nutzbar gemacht. Einige Anhänger der Meister werden sich zukünftig als Wissenschaftler, Künstler, Philosophen und Bankiers inkarnieren.

All diese schöpferischen Aktivitäten des Menschen werden entsprechend einem wohldurchdachten Plan für die kommende Zivilisation neu geordnet und in Szene gesetzt. Natürlich werden diese Arbeiter, die keinerlei Dank erhalten, dem heutigen Bösen trotzen und durch die Kraft ihres guten Willens das Böse neutralisieren müssen. Sie werden Leiden, Prüfungen, Verfolgungen und manchmal Mord auf sich nehmen müssen, doch sie wissen in ihrem Inneren, dass alles Teil des Dramas ist. Die Flamme des spirituellen Lichts, das sie durchdringt, wird durch die vielen wöchentlichen, monatlichen und jährlichen Rituale genährt, die von so vielen Anhängern während ihrer Versammlungen in den Initiationstempeln durchgeführt werden.

Wenn ihr Werk an Bedeutung gewinnt, erhält die astrale Substanz rund um die Erde einen eindrucksvollen Impuls. Im Licht dieser veränderten Schwingung der astralen Materie wird es für den Durchschnittsmenschen unmöglich, Reichtum sowie materielle oder spirituelle Vorteile anzuhäufen. Alle spirituellen Praktiken der Menschen dienen dann allein dem kosmischen Wohl, und die von den durchschnittlichen Anhängern des Okkultismus erzeugten, unmittelbar okkulten Phänomene und deren Nutzen werden allmählich verschwinden. In dem Moment, wo die individuelle *Kundalinî* angerufen wird, wird die kosmische *Kundalinî* erweckt.

Je weniger der Mensch an sich denkt, desto gesünder ist er. Und indem er weniger isst, verlängert sich seine Lebensspanne. Auf diese Weise wirkt sich die veränderte Schwingungsfrequenz in der astralen Substanz dieser Erde aus. Diese Veränderung ist für die Entwicklung der gegenwärtigen Menschheit notwendig und geschieht über die Natur durch die Meister und ihre Anhänger, die am Großen Plan mitarbeiten.

Allmählich verspürt jeder Mensch den unstillbaren Drang nach einer inneren Vereinigung. Der Drang nimmt zu, bis der Mensch sich gezwungen sieht, sein Denken auf die Mitwirkung am inneren Plan auszurichten. Zunächst findet diese Zusammenarbeit als Mitglied in einer politischen Partei, einer sozialen Organisation, einer philanthropischen Gesellschaft oder einem religiösen Orden statt und dehnt sich dann auf zahlreiche weitere Aktivitäten aus. Auf diese Weise lernt der Mensch langsam, sich auf die subtileren Kräften seiner Mitmenschen einzustimmen.

Dies führt ihn zur Ebene des Seelenkontakts, und ohne dass er es merkt, durchschreitet er dabei die Tore der Einweihung. Die Gegenwart seiner spirituellen Gefährten verspürt er in Form subtiler, unpersönlicher Gedanken, erfüllt von Harmonie und Erhabenheit, bei denen er zum ersten Mal Frieden und Glück empfindet. Allmählich wird er sich des Friedens in ihm bewusst und richtet sein Denkvermögen darauf aus. Zu diesem Zeitpunkt ist er bereits eins mit dem Plan. Darüber hinaus gibt es nicht viel, was im gegenwärtigen Stadium öffentlich in einem Buch gesagt werden kann.

In Zukunft wird der Inhalt einiger Rituale in Form von mystischen literarischen Dramen abgefasst, die öffentlich in Theatern aufgeführt werden. Solche literarischen Dramen liegen im Trend, obwohl die Gelehrten und die Leute nicht genau wissen, was sie mit ihnen anfangen sollen. Einige moderne Dichter werden entsprechende Impulse in dieser ritualistischen Denkrichtung empfangen und einem inneren Antrieb/Instinkt folgend solche Dramen schreiben. Ein Anfang wurde bereits durch die zwei berühmten amerikanischen Dramatiker Maxwell Anderson und Thornton Wilder gemacht. Maxwell Anderson verfasste das halb religiöse und halb ethische Mysterienspiel „Journey to Jerusalem" (Eine Reise nach Jerusalem). Es handelt vom zeitgenössischen menschlichen Denken in Form der biblischen Geschichte. Wilder hat mit noch mehr Erfolg zwei Dramen von der Art der alten Mysterien herausgebracht. Die zwei Schauspiele „Our Town" (Unsere kleine Stadt) und „The Skin of Our Teeth" (Wir sind noch einmal davongekommen) beinhalten genau das gleiche Thema wie die Mysteriendramen der ritualistischen Einweihungstempel.

Beispielsweise schildert das Schauspiel „Unsere kleine Stadt" die Herrlichkeit des Tages in seinem Verlauf, von der Morgendämmerung über den Mittag bis zum Sonnenuntergang. Der Tagesanfang wird praktisch als das Ende des vorherigen Tages gedeutet, und das Ende des Schauspiels verkündet den Anfang des nächsten. Die Person des Spielleiters entspricht der Person des Altmeisters in einigen Ritualen (Altmeister: Ehrengrad in der engl. Freimaurerei für ehemalige Logenvorsitzende, Meister vom Stuhl Salomos). Von Zeit zu Zeit kommentiert er die Ereignisse des Spiels in Form von Einschüben. Die Morgendämmerung der Erde und die Entfaltung des Tages hin zu den Einzelheiten des weltlichen Lebens in einer amerikanischen Kleinstadt sind ein eigenwilliger Versuch, das tägliche Leben des Menschen mit dem ritualistischen Schöpfungsplan gleichzusetzen. Die Geburt der Zwillinge, der Tod bestimmter Personen, eine Hochzeit und das tägliche Leben einer Gruppe von Menschen sind symbolisch zu deuten. Ihre Bedeutung lässt sich mit Hilfe der ritualistischen Schlüssel zwischen den Zeilen herauslesen.

In diesem Schauspiel wird der Zeitsinn transzendiert. Der erste Akt beginnt mit dem Morgengrauen und geht bis zum Mittag. Der zweite Akt beginnt nach dem Mittag und geht bis zur Mitternacht. Der dritte Akt verbindet die Nacht mit der nächsten Dämmerung, dem periodischen Beginn der Dinge. Die Stunden der Nacht werden mit der unterbewussten Natur des Menschen verglichen, in der das Denken und Wirken der großen Denker der Vergangenheit verborgen liegt. „9 Uhr Spinoza; 10 Uhr Plato; 11 Uhr Aristoteles, 12 Uhr Bibel“ ist ein Beispiel. Zur Zeit des Sonnenuntergangs ergeht der Befehl, alle Dokumente mit Ausnahme der Heiligen Bibel und der Werke Shakespeares zu verbrennen.

Diese zwei Dramen waren die erste Gruppe von Mysterienspielen, die ihren Weg in die äußere Welt fanden und in der modernen Zeit öffentlich vor einem Publikum aufgeführt wurden. Die fehlenden Verbindungsglieder und Erläuterungen, die für ein allmähliches und richtiges Verständnis des Wesens dieser Mysterien notwendig sind, werden durch unterhaltsame Beschreibungen in Form spiritueller Romane zur Verfügung gestellt. Daher werden einige Romane erscheinen, die entweder direkt von einem Jünger oder von Menschen, deren Denken durch einen Meister dazu inspiriert wurde, geschrieben werden. Selbst Leser, die auf der grob materiellen Ebene leben, fühlen sich von der magischen und geheimnisvollen Ausstrahlung dieser Stücke angezogen und verzaubert. Sie lesen diese Bücher als reine Phantasiegeschichten und verkennen dabei vollkommen die Wahrheit ihrer Existenz. Die Eindrücke, die diese Geschichten in ihrem Denken hinterlassen, werden jedoch durch ihre unterbewusste Natur wirken und Erinnerungen an vergangene Verbindungen dieser Seelen hervorrufen (viele von ihnen sind zwangsläufig Atlantier) und den Pfad in diesem oder dem nächsten Leben vorbereiten. So gibt es im Bereich der Literatur und schönen Künste einen bewussten und wohldefinierten Plan.

Die Sprache und die Gleichnisse der Poesie erfahren ebenfalls bedeutsame Veränderungen, wodurch das Unwesentliche entfällt und die Leser durch geheimnisvolle Schriften, die archetypische Gleichnisse verwenden, in die intuitiven Ebenen geführt werden. Einen solchen Wandel sagte bereits *Śrî* Aurobindo für die Zukunft der Poesie voraus. Ein erfolgreiches Beispiel für eine derartige Dichtung ist das großartige kryptische Gedicht „The Waste Land" (Das wüste Land) von T. S. Elliot. Nach und nach werden wir Aufführungen von ritualistischen Dramen auf offener Bühne sehen, wenn in dem Zusammenspiel von ästhetischem Verständnis und der emotionalen Alchemie des Publikums der erwünschte Segen eintritt.

12. Inhalt und Form künftiger Rituale

Das In-Erscheinung-Treten der Hierarchie umfasst als wichtigen Bestandteil die Erneuerung der alten Rituale. Dies wird im Buch DIE GEISTIGE HIERARCHIE TRITT IN ERSCHEINUNG von Alice A. Bailey ausführlich erörtert. Insbesondere werden die Meister und Jünger des zweiten und siebten Strahls der Initiation auf diese Erneuerung hinwirken. Einweihungsschulen werden unter verschiedenen Namen gegründet, in denen die Rituale in unterschiedlicher Abfolge durchgeführt werden, wobei deren Inhalt unverändert bleibt. Es wird ein endgültiger Versuch unternommen, die Unterschiede der vielen nach außen gerichteten Religionen zu überwinden, die zum unwesentlichen Teil des spirituellen Pfades gehörten. Im Laufe der Jahrhunderte tauchen solche Unterschiede unweigerlich aufgrund der unterschiedlichen Ausprägungen der Arbeit der Meister auf. Viele ritualistische Orden standen seit undenklichen Zeiten über den Religionen, obwohl auch sie durch exoterische religiöse Missionare und deren politisches Wirken zeitweilig Veränderungen unterworfen waren. Die Rituale des Mittelalters und des gegenwärtigen Zeitalters wurden teilweise durch lokale religiöse Einflüsse gefärbt / abgewandelt, blieben jedoch zum anderen Teil in ihrem ursprünglichen Wesen erhalten. Der innere Gehalt der Rituale, der das Leben des Menschen thematisiert und als Drama abbildet, blieb der gleiche, nur die Namen der Personen änderten sich entsprechend den religiösen Namensgebungen der jeweiligen Region.

Die bedeutsamsten Rituale des zukünftigen Zeitalters stehen als spirituelle Dramen über der Religion. In ihnen vereinigen sich Religion, Philosophie und Wissenschaft des Menschen. Somit wird es für Menschen aus verschiedensten Gesellschaftsschichten zahlreiche Möglichkeiten geben, um in die Orden eingeweiht zu werden. Angesichts des oben Gesagten kann man sich leicht vorstellen, wie die Gruppe von Ritualen, die in der Zukunft Anwendung findet, aussehen wird:

1. Das Initiationsritual.
2. Das Thema der Geburt des Vaters als Sohn durch die Mutter.
3. Die Reise der Seele.

4. Die Geschichte von Tod und Wiedergeburt.
5. Tierkreis- und planetarische Dramen.
6. Der „Tag" der Schöpfung.
7. Die Allegorien von Zahl und Form.

Die erste Gruppe von Initiationsritualen enthält drei Mysterien der mündlichen Tradition. Das erste Mysterium befasst sich mit der Schulung und Anwendung der intellektuellen und emotionellen Kräfte des Menschen und wie der Mensch Meisterschaft über sie erlangt. Die Theorie der Analogie und das Gesetz der Entsprechungen werden dem Schüler in einem neuen Licht enthüllt, so dass er seinen Platz im Universum und den letzten Zweck der Dinge findet.

Das Mysterium von Vater und Sohn handelt von der Heiligen Dreifaltigkeit und dem *Brahmâ-Saraswathî*-Mysterium der *vedischen* und *purânischen* Lehre. Die ursachenlose Ursache, ihr Glanz und das im Glanz vorhandene Bewusstsein findet sich wieder im Konzept von Vater, Mutter und Sohn. Das Geheimnis der Schöpfung, bevor es sich auf dem Denken und der Materie als Geheimnis der Fortpflanzung spiegelt, wird zukünftig in allen Einzelheiten gelehrt. Dadurch wird dem Schüler das erste Stadium der Seherschaft zuteil, und er beginnt zu wachsen und durch sein Bewusstsein zu seiner objektiven Gegenwart durchzudringen, bis er das Bewusstsein der spirituellen Sonne trifft (dies wird zur Nebenhandlung, wie der Sohn in die weite Welt hinausgeht, um seinen Vater zu suchen).

Die Reise der Seele enthält die wesentlichen Punkte, die im *Mahâbhârata* und der Bibel angeführt sind. Der Exodus der Söhne Israels auf der Suche nach dem gelobten Land und die Reise der fünf *Pându*-Söhne auf der Suche nach ihrem verlorenen Königreich werden zu einer Einheit zusammengefasst, um ein großes Mysterienspiel zu bilden. Berge zu besteigen, Pilgerreisen zu machen, mit Hilfe des großen Fisches Seereisen in der Arche zu unternehmen sowie Luftreisen zum Antlitz der Sonne durchzuführen, nachdem die Gestalt des Adlers angenommen wurde, der die Schlangen ergreift – all dies wird in einem bestimmten Ablauf zur Aufführung kommen.

Alle erhabenen Aspekte der verschiedenen Geschichten von den sterbenden Göttern werden herausgegeben und zu einem Schauspiel neu gestaltet. Dies umfasst die Geschichte von

Sâvitrî und *Satyavân* und die Geschichte von der Kreuzigung und Auferstehung. Teile der Rituale vom Totenbuch und die Geschichten von Isis und Osiris werden zusammengefügt. Dieses Ritual dient als Sakrament, um dem Schüler eine zweite Geburt (spirituelle Geburt) zu vermitteln, die über den Tod erhaben ist.

Hier wird auch das Drama des Tages eingeführt, und das ganze Spiel hat als Hintergrund das kreisende Rad und die Planetenengel, die kommen und gehen und am Chor und am Kreistanz teilnehmen. Die Geschichten der verschiedenen *Prajâpatis* (Patriarchen) bilden Teil des Dramas. Es wird zwölf Tierkreisrituale geben, die im Laufe der zwölf Monate des Jahres aufgeführt werden, und jeweils ein bestimmtes Thema zum Gegenstand haben. Natürlich findet man alle Themen bereits als Beschreibungen und Episoden im *Mahâbhârata*, in der Offenbarung des heiligen Johannes und im St. Markus-Evangelium des Neuen Testamentes.

Der Schöpfungstag ist eine tiefgründige Allegorie, die von der Reise des Menschen entlang des Lebensrads von einer Geburt zur nächsten handelt. Dabei werden alle Unterteilungen des

Tages (die Einteilung in 24 Teile, die vier Unterteilungen von je sechs Stunden usw.) zur Aufführung gebracht. Die gesamte Anordnung befindet sich in den einführenden Kapiteln des *Mahâbhârata,* in dem das Leben eines Menschen allegorisch als die Geschichte eines Jüngers dargestellt wird.

Anhang

I. Über den Verfasser

Kûlapathi Ekkirala Krishnamacharya, bei seinen Anhängern als Meister EK bekannt, ist ein Lehrer des neuen Zeitalters, ein Heiler und ein *Yogî*. Bei jenen, die ihm folgten, sorgte er für die soziale und finanzielle Grundlage einer spirituellen Lebensweise. Er vermittelte ein ganzheitliches Verständnis der Schriften und ihrer Brauchbarkeit im täglichen Leben.

Durch seinen Lebensstil bewies er, dass die in den Schriften empfohlene Lebensweise sogar in der materialistischen Welt möglich ist. Er machte ganz deutlich, dass das so genannte Materielle nichts anderes als ein Abkömmling des Geistes und somit in seiner Essenz geistig ist.

Er vertrat entschieden die Ansicht, dass alle, die vorgeben, Wissende zu sein, die Schöpfung in Geistiges und Materielles unterteilen. Doch die wahren Wissenden sehen immer das Geistige. Für sie ist das Materielle ein Aspekt des Geistigen. In Meister EK's Auffassung gibt es keine guten und schlechten Dinge oder Menschen. Er trat für die Lehre der reinen Liebe ein.

Meister EK baute mitten unter denen, die ihm folgten, eine spirituelle Brücke zwischen Ost und West auf. Wer in seiner Nähe lebte, kennt ihn als Repräsentanten der Hierarchie, der ausgesandt wurde, um den uralten *Yoga* der Synthese zu verbreiten.

Er veröffentlichte viele Schriften, aber der Unterton eines jeden Themenbereiches führt die Leser zur Synthese. Meister EK ist ein wahrer Heiler und hat viele Menschen für die Heilungsarbeit ausgebildet. Unter seiner Führung wurden einige Schulen für Kinder und Heilungszentren eröffnet und betrieben, um der Gemeinschaft zu dienen.

Meister EK ist ein Diamant mit vielen Facetten. Er ist ein Dichter, ein *vedischer* Gelehrter, ein Lehrer, ein Heiler, ein Freund, ein Führer und ein Gesellschaftsreformer.

Der Herausgeber

II. Über den Verlag

Die Edition Kulapati arbeitet im Rahmen des World Teacher Trust e. V., um einen Zugang zur zeitlosen Weisheit anzubieten.

Der World Teacher Trust wurde im Jahre 1971 von Dr. Ekkirala Krishnamacharya in Visakhapatnam (Indien) ins Leben gerufen. Heute ist Dr. K. Parvathi Kumar Präsident des internationalen World Teacher Trust. Mehr als 18 Jahre arbeitete er mit Dr. Ekkirala Krishnamacharya zusammen und begleitete ihn auf seinen Reisen durch Europa. Um die geistige Synthese zwischen Ost und West zu fördern, wurde der World Teacher Trust auch in Europa und Amerika gegründet.

Die Edition Kulapati veröffentlicht die deutschen Übersetzungen der Bücher dieser beiden großen Lehrer der spirituellen Wissenschaften. Die Veröffentlichung der Bücher wird durch freiwillige Mitarbeit von Personen ermöglicht, die dem World Teacher Trust nahestehen. Die Einnahmen aus der Verlagstätigkeit werden nur für die Veröffentlichung neuer Bücher und für Folgeauflagen verwendet.

Die Bücher können über den Buchhandel bezogen werden oder direkt bei „Synergia Auslieferung“ in 64380 Roßdorf, Industriestr. 20 unter:

http://www.synergia-auslieferung.de

oder

http://www.kulapati.de

Von Dr. Ekkirala Krishnamacharya sind in deutscher Übersetzung bei der Edition Kulapati im World Teacher Trust die folgenden Bücher erschienen:

- Das Buch der Rituale
  (2018, 1. Auflage)
- Der Weltlehrer – Die Ankunft von Lord Krishna (2012, 1. Auflage)
- Der Yoga des Patanjali
  (1998, 2. Auflage)
- Die Weisheit des Pythagoras
  (2003, 1. Auflage)
- Die Weisheit des Sternenhimmels
  (2012, 1. Auflage)
- Die Wissenschaft der Homöopathie
  (1992, 1. Auflage)
- Einweihung
  (2014, 2. Auflage)

- Mandra Gita – eine Bhagavad Gita für das Wassermannzeitalter (2002, 2. Auflage)
- Meditation zum Vollmond (2016, 2. Auflage)
- Meister CVV (2009, 1. Auflage)
- Musik der Seele (1998, 1. Auflage)
- Mystische Mantren und Meister CVV (2001, 2. Auflage)
- Opfer des Menschen (2006, 1. Auflage)
- Spirituelle Astrologie (2006, 3. Auflage)
- Spirituelle Psychologie (1990, 1. Auflage)
- Weisheitsgeschichten (2004, 1. Auflage)

Von Dr. K. Parvathi Kumar sind in deutscher Übersetzung bei der Edition Kulapati im World Teacher Trust die folgenden Bücher erschienen:

- Agni – das Feuerritual und seine Symbolik (2005, 1. Auflage)

- ASHRAM – REGELN FÜR DEN EINTRITT (2013, 1. Auflage)
- BLÄTTER AUS DEM ASHRAM — ASHRAM LEAVES (1996, 2. Auflage)
- DAS WASSERMANNKREUZ (1999, 1. Auflage)
- DATTATREYA – SYMBOL UND BEDEUTUNG (2001, 1. Auflage)
- DER ÄTHERKÖRPER (2010, 2. Auflage)
- DER LEHRER – SINN UND BEDEUTUNG (2010, 1. Auflage)
- DER WASSERMANN-MEISTER (2009, 2. Auflage)
- DER WEG ZUR UNSTERBLICHKEIT – DAS VENUSPRINZIP (2011, 2. Auflage)
- Die EHE – DAS HEILIGE SAKRAMENT (2012, 1. Auflage)
- DIE GEHEIMNISSE DES SCHÜTZEN (2016, 1. Auflage)
- DIE LEHREN VON KAPILA (2012, 2. Auflage)
- DIE LEHREN VON SANAT KUMARA (2011, 1. Auflage)

- Dienst – eine Lebensart — On Service
  (2008, 1. Auflage)
- Die Sonne – Das Bin Ich
  (2015, 1. Auflage)
- Die theosophische Bewegung
  (1996, 1. Auflage)
- Gebete — Prayers
  (2008, 1. Auflage)
- Gesundheit und Harmonie
  (2009, 1. Auflage)
- Gesundheit und Harmonie Band II
  (2015, 1. Auflage)
- Herkules – der Mensch und das Symbol
  (2000, 1. Auflage)
- Invokationen der violetten Flamme —
  Violet Flame Invocations (2008, 1. Auflage)
- Jupiter – Der Pfad der Erweiterung
  (2013, 2. Auflage)
- Kapila und Kardama
  (2014, 1. Auflage)
- Klang – der Schlüssel und seine Bedeutung
  (2010, 1. Auflage)
- Mantren – Bedeutung und Anwendung
  (2008, 2. Auflage mit Doppel-CD)

- MARS – DER KUMARA
  (2014, 1. Auflage)
- MEISTER CSG
  (2017, 1. Auflage)
- MEISTER CVV – SATURN-REGULIERUNGEN
  (2012, 1. Auflage)
- MEISTER EK – DER LEHRER DES NEUEN ZEITALTERS (2002, 1. Auflage)
- MEISTER MN – DIE FEURIGE FLAMME
  (2013, 1. Auflage)
- MERKUR – DER ALCHEMIST
  (2012, 1. Auflage)
- MITHILA – GRUNDLAGEN EINER SPIRITUELLEN ERZIEHUNG (2003, 2. Auflage)
- MOND – DER SCHLÜSSEL
  (2017, 1. Auflage)
- OKKULTE MEDITATIONEN
  (2007, 1. Auflage)
- OM NAMO NARAYANAYA – BEDEUTUNG, SINN UND ANWENDUNG (2014, 1. Auflage)
- SARASWATHI – DAS WORT
  (2003, 1. Auflage)
- SATURN – DER WEG ZUM SYSTEMATISCHEN WACHSTUM (2018, 3. Auflage)

- SHIRDI SAI SAYINGS — WORTE DER WEISHEIT (2016, 2. Auflage)
- SPIRITUALITÄT UND GESCHÄFTSWELT (2009, 2. Auflage)
- SPIRITUELLES HEILEN (2009, 2. Auflage)
- TEMPELDIENST – EINE EINFÜHRUNG (2018, 1. Auflage)
- ÜBER DIE LIEBE (2006, 1. Auflage)
- ÜBER DIE STILLE (2006, 1. Auflage)
- ÜBER VERÄNDERUNG — ON CHANGE (2006, 1. Auflage)
- URANUS – DER ALCHEMIST DES ZEITALTERS (2010, 1. Auflage)
- VIDURA – LEHREN DER WEISHEIT (1999, 1. Auflage)
- ZEIT – DER SCHLÜSSEL (2016, 3. Auflage)

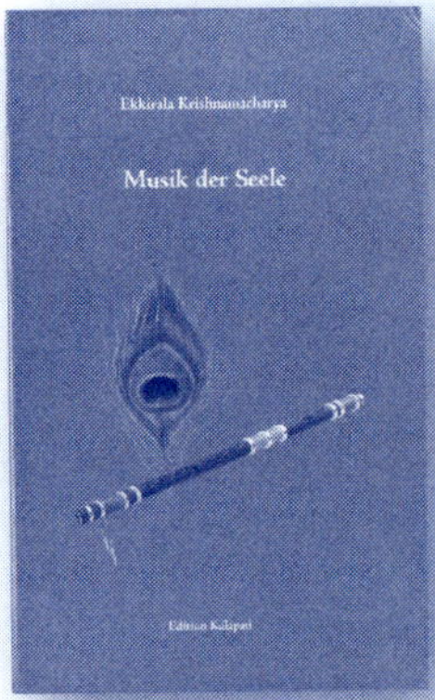

Die Hauptcharaktere in diesem Buch sind *Maitreya* (auch Christus genannt), *Maru* (Meister *Morya*) und *Devâpi* (Meister *Kût Hûmi*).

Es wird gezeigt, wie sie durch viele Geburten mit der Kontinuität des Bewusstseins leben. Ihre Arbeit hat das eine Ziel, die Absicht des Weltlehrers zu erfüllen.

Djwhal Khul, das Licht der heutigen Zeit, auch als Meister *DK* und „der Tibeter" bekannt, wurde Jahrhunderte hindurch als Jünger von *Maru* und *Devâpi* ausgebildet.

Das Buch beschreibt die Begebenheiten, die *Djwhal Khul* zum Meister machten.

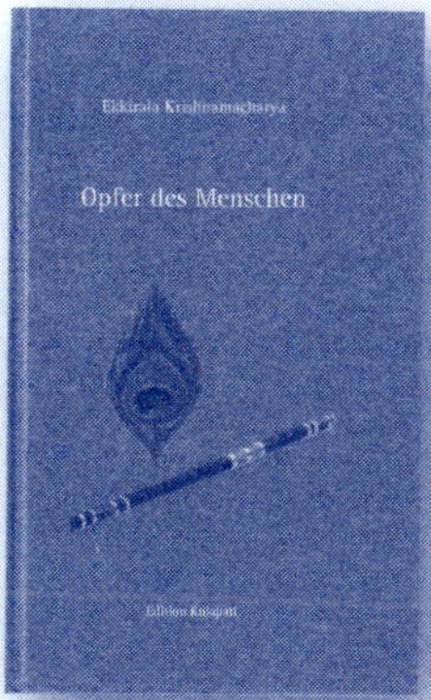

Neben dem Buch MUSIK DER SEELE ist dieser Band eine weitere Biographie des Einen, der auf die Erde kam, um „Das Gesetz" zu errichten. Lord *Krishna* lebte als reiner Ausdruck der Weisheit des Ewigen Gesetzes.

Millionen von Menschen glauben, dass das Ablegen des physischen Körpers ihren Tod bedeutet. In diesem Buch findet man den Schlüssel, um sie davor zu bewahren.

Wie sich das Bewusstsein des Gewohnheitsmenschen, des Gelehrten, des *Yogis* und des Sehers verschieden voneinander gestaltet – je nach der Auffassung vom physischen Tod – wird ausführlich erklärt.

Die Erzählung der Ankunft von Lord *Krishna* beruht auf den vorausgehenden Dichtungen MUSIK DER SEELE und OPFER DES MENSCHEN. Durch innere Kontemplation weitete sich das Projekt zur Geburt und Ankunft des Herrn als DER WELTLEHRER aus.

In *Krishnas* Leben wird das Ewige Gesetz, das *Dharma* der *Veden,* in seiner Vollkommenheit veranschaulicht.

Die tatsächlichen Begebenheiten in der Geschichte des Weltlehrers haben in diesem Buch eine Form angenommen.